中國人民解放軍・海軍

高曉星 等 編著

前言

　　進入二十一世紀以來，隨著中國綜合國力的上升和軍事實力的提高，中國國防政策、軍事戰略以及軍力發展愈來愈成為世界矚目的熱點，海外出版了不少關於中國軍隊的書籍。遺憾的是，由於有些作者缺乏第一手準確資料，他們的著作中或多或少地存在一些值得商榷之處。

　　中國人民解放軍是一支什麼樣性質的軍隊？中國軍隊各軍兵種處於什麼樣的發展階段？中國軍隊的武器裝備達到什麼樣的發展水平？這些問題引起了國際社會高度關注和一些海內外媒體的廣泛熱議。有鑒於此，我們認為編寫一套生動、準確地介紹中國軍隊的叢書，無論對國內讀者還是國外讀者來說，都將是一件極有意義的事情。

　　本書試圖沿著中國軍隊的成長脈絡，關注其歷史、現狀及未來發展，通過大量鮮活事例的細節描述，從多個視角真實地展現人民解放軍的整體面貌。

　　在書籍的策劃和撰寫過程中，為確保權威性和準確性，我們邀請了解放軍有關職能部門、軍事院校、科研機構專家共同參與。與此同時，本書也得到了國防部新聞事務局的大力支持與指導。我們相信，由於上述軍方人士的積極參與，將使本作增色不少。

由於編者水平有限，在試圖反映中國人民解放軍這一宏大題材的過程中，難免存在一些疏漏和不足之處。在此，歡迎讀者給予批評和指正。

編　者

2012 年 8 月

目錄

導言

一九四九年四月二十三日，中國人民解放軍海軍（簡稱中國海軍或人民海軍）的第一支部隊——華東軍區海軍在江蘇泰州白馬廟宣告成立。當時的人民海軍面臨的是百廢待舉的場景：荒廢的港口，被炸燬的船廠、碼頭。當時所擁有的幾十艘艦艇，都是戰爭中繳獲、接收、徵用的艦艇，多數是美、英、日等國在二戰前及二戰期間生產的，年代久遠，性能落後……

一九五三年二月，毛澤東主席乘坐人民海軍的「長江」艦視察。在艦上，他與水兵們一起生活了四天三夜，親筆寫下「為了反對帝國主義的侵略，我們一定要建立強大的海軍」的題詞。

在當時國防經費極度緊張的情況下，中國政府為海軍撥出巨款，從蘇聯購入四艘驅逐艦。一九五四年，首批二艘驅逐艦交付使用，海軍開始組建第一支驅逐艦部隊。在一年後遼東半島陸海空三軍協同演習中，人民海軍的艦艇加入了戰鬥序列。

一九五五年一月十八日，人民海軍一百四十二艘艦、艇、船組成的五個登陸運輸大隊，四十六艘護衛艦、砲艦和護衛艇組成的戰鬥艦艇編隊，協同陸、空軍一舉攻克一江山島。這是人民解放軍首次成功實施海、陸、

空三軍聯合渡海登陸作戰。

此後，人民海軍又在保衛祖國海防的作戰中屢建戰功，粉碎了國民黨軍隊的騷擾和外國軍隊的入侵。六十多年來，人民海軍共參戰一千二百多次，擊傷、擊沉和俘獲敵艦船四百多艘，擊落、擊傷敵機五百多架，殲敵七千多人。

上世紀七〇年代，世界軍事革命驚濤拍岸。一九七九年夏，復出不久的中國領導人鄧小平專程來到海軍部隊，登上中國第一艘國產導彈驅逐艦——「濟南」艦，進行海防視察。他意味深長地對身邊的海軍將領們說，大海不是護城河，海軍不是守城兵，中國要富強，必須面向世界，面向海洋。從此，人民海軍艦艇的航跡開始從祖國的海岸線駛向大洋。

一九八〇年五月，一支飄揚著「八一」軍旗的艦隊從上海出發，經巴林塘海峽進入太平洋，保障中國向南太平洋預定海區發射運載火箭。這是人民海軍水面艦艇編隊第一次駛出領海，進入大洋。

邁出第一步的中國海軍從此大步向前，航跡不斷向深藍色的大洋延伸：一九八三年五月，海軍艦船抵達祖國最南端的曾母暗沙；一九八四年至一九八五年，海軍穿過了茫茫太平洋，遠航南極；一九八五年，首次出訪的海軍艦艇編隊駛入印度洋；一九八九年，海軍第一艘遠洋訓練艦「鄭和」艦穿越國際日期變更線，駛入西太平洋，首次訪問了美國夏威夷港……

二〇〇八年十二月二十六日，更是記入史冊的一天。這天，海南三亞風和日麗，人民海軍「武漢」號導彈驅逐艦、「海口」號導彈驅逐艦、「微山湖」號綜合補給艦組成的艦艇編隊解纜起航，奔赴萬里之遙的亞丁灣、索馬里海域護航。這標誌著人民海軍艦艇駛向了一個新的航程。

今天，隨著中國改革開放偉大成就帶來的海軍裝備建設迅速發展，中國海軍艦艇在萬里之遙遠的非洲索馬里外海為各國商船護航，在南中國海巡弋。在南極的首座中國科考站，在南沙群島永暑礁海洋觀測站，都凝結著中國海軍軍人的心血，中國海軍友好出訪的航線更是早已遍佈世界各大洲各大洋。

　　一支強大的中國海軍，將是世界和平的有力保衛者，將會如六百多年前的鄭和船隊一樣，給世界各國人民帶去中國人民的真誠友誼與和平合作共同發展的美好未來。

第一章 「創業艱難百戰多」

一九五〇年四月二十三日。南京草鞋峽長江江面。

人民海軍建軍一週年暨軍艦授旗命名儀式。

一百三十四艘艦艇編成了三個艦隊列陣，樂隊奏響海軍進行曲。

覆蓋在各艦艦名鋼牌上的紅布揭開了。頓時，一個個令人激動的艦名在陽光下金光閃閃——「井岡山」、「古田」、「瑞金」、「興國」、「遵義」、「延安」……各艦官兵在甲板上站坡高呼「萬歲！」

每艘艦艇都冠以一個地名為其稱號。護衛艦以大城市為名，如「南昌」、「廣州」；砲艦的名字是小一些的城市，如「延安」、「瑞金」；登陸艦以名山大川為號，如「井岡山」、「太行山」；「黃河」、「淮河」。以祖國的名山大川和人民解放軍進行過英勇戰鬥的地方來命名艦艇，是為了讓官兵牢記祖國，牢記人民解放軍的傳統。

▲ 張愛萍授命名狀

二十一響禮炮聲，猶如巨雷滾滾，震盪著江面和天空。這時，軍樂四起，各艦徐徐升起紅旗。人民海軍的旗幟映紅了江面。

　　在飄揚的旗幟下，華東軍區海軍司令員張愛萍舉起右拳，帶領水兵宣誓。鏗鏘宏亮的聲浪震盪著山岳、大地和江河湖海「……我們的稱號光榮，我們的旗幟輝煌，我們要在渡海作戰中，爭取光輝的英雄稱號，我們要把中國人民海軍勝利的旗幟插遍祖國的海洋。我們保衛這光榮的旗幟和稱號，永遠像保衛祖國的尊嚴一樣。」

小村莊裡誕生的海軍

　　一九四九年三月，人民解放軍百萬雄師列陣於長江北岸蓄勢待發。全體將士在興奮與焦灼中等待著來自最高統帥部的渡江命令，看似平靜下來的前線正在孕育著一場即將席捲半個中國的風暴。

　　未來的中華人民共和國國防部長張愛萍乘坐一輛美式吉普車從一千公里之外的天津一路向南疾馳而來。軍人的天性和本能在召喚著他，他要回到老部隊與昔日的戰友一起去戰鬥。

　　年僅三十九歲的張愛萍，在華東野戰軍中是一位赫赫有名的戰將。三年多前因傷被送到蘇聯接受手術和療養。在蘇聯的三年裡，他時時聽到昔日戰友們高歌凱進的消息，無時不在渴望著早日重返戰場。

　　當張愛萍心急火燎地趕到渡江戰役指揮部時，他發現渡江的戰役部署和高級指揮員的任命都已就緒。到前線指揮部隊作戰的機會看起來有些渺茫，留在總部又讓他覺得很不情願。

　　在度過了焦躁的幾天之後，張愛萍見到了華東野戰軍司令員陳毅。性格直爽的陳毅開門見山，「軍委決定，東北軍區建空軍，華東軍區建海軍，你立即著手組建海軍。」

　　軍委選定華東野戰軍來組建海軍的主要考慮有三條：一、華東地區依江傍海，河流湖泊眾多，要解放華東地區尤其是東南海區島嶼，沒有海軍是不行的；二、國民黨海軍的艦艇和軍港、機關大部分在華東地區，經過爭取有可能轉化成建設人民海軍的力量；三、華東的一些部隊如蘇北海防縱隊，有一定的江海作戰經歷，編入海軍後的轉型會順利一些。

▲ 人民海軍誕生地白馬廟舊址

　　毛澤東曾經風趣地說過，「讓暈飛機的去搞空軍，讓暈船的去搞海軍，這就是我的幹部政策。」但最高統帥的幽默中也多多少少有些無奈的意味。過去長期紮根於農村根據地的一支軍隊，在即將取得全國性勝利的前夕突然面臨著建設一支新型軍隊的使命，不要說專業人才，就是達到一定知識水平的人員都非常匱乏。有過在蘇聯留學或者生活、工作經歷的高級將領們，理所當然地成為新成立的海軍、空軍和其他技術性兵種的首選人才，因為這支新型軍隊將會以蘇聯紅軍為學習的樣版。

　　張愛萍當過小學教員，還能寫詩，字也寫得漂亮，在當時解放軍的高級將領中算是文化水平和悟性比較高的。再加上在蘇聯養傷三年粗通一些俄語，讓張愛萍組建華東海軍看上去是一件順理成章的事情。

　　聽到陳毅的任命，張愛萍深感意外，心裡頓時七上八下起來。他對於

海軍的全部了解僅僅來自於幾年前讀過的一本書《對馬》，這是一九〇五年日俄戰爭中對馬海峽之戰的一位俄國倖存者的經歷記述。不要說對一個未來的海軍高級將領，就是對一個普通海軍軍官甚至水兵來說，這點知識都太「業餘」了。

性情耿直的張愛萍當即表示不懂海軍，建議挑選其他合適的人。

陳毅毫不鬆口：軍委已經同意，這個責任你怎麼也要擔起來。

談到最後，張愛萍問了一個後來他自己都覺得很冒失的問題，「去海軍怎麼個幹法？」

陳毅大笑起來，「到時候你自己就會幹了。」

一九四九年四月二十三日，人民解放軍以排山倒海之勢渡過長江後占領南京，宣告了國民黨統治的終結；同日，國民黨海軍的海防第二艦隊及三個艇隊共計一千五百餘官兵和五十三艘艦艇，在艦隊司令林遵等人率領下分別脫離國民黨軍隊，加入人民解放軍行列。有了這副底子，華東海軍成立的條件初步具備了。

在收到國民黨海軍海防第二艦隊起義消息和渡江前線總指揮部指示的當天，四名解放軍陸軍軍官陸續來向張愛萍報到，地點就在位於長江以北一個叫白馬廟的小村莊裡。加上八名戰士，共計十三人。至於裝備，就是張愛萍從天津一路開來的吉普車和另外二臺臨時調撥的吉普車。十三個人，三輛吉普車，這就是華東海軍司令部第一次集中的全部人馬班底。四月二十三日這一天作為人民海軍的誕生日永久地鑴刻在人民海軍的歷史扉頁上。

在這個距離大海還有一百多公里的地方，華東海軍成立會議開得簡短而又明瞭。當晚張愛萍就率領他的全部人馬匆匆離開了白馬廟，焦急地趕

▲ 解放軍代表上艦接收與視察

赴長江南岸的江陰，在那裡他用了一週時間將第一批調入海軍的陸軍部隊四千多人進行了改編和動員。

　　就在張愛萍等人奔波於創建海軍之時，在地面戰場上一敗塗地的國民黨軍利用他們的空中優勢，不停地在長江上空搜尋和轟炸一切可能的目標——艦船、船塢、碼頭和船廠，全力地進行破壞。在江陰，張愛萍和他的戰友們聽到了一個不幸的消息：華東海軍準備接收的國民黨海軍海防第二艦隊的起義艦艇大部分已被國民黨空軍炸燬於長江江面，損失慘重。

　　張愛萍在沮喪來襲的那一刻，不由地想到了一句詩——「斷頭今日意如何？創業艱難百戰多。」這是張愛萍最為敬重的老上級陳毅在敵軍重兵包圍中堅持游擊戰爭最為艱苦的時期寫下的詩句，作者的豪情與韌性讓張愛萍一生都感到深深的敬佩。

　　張愛萍眼前的困難與當年陳毅面臨的險境是根本不能相比擬的。

張愛萍帶著他的司令部向著上海出發了。那裡是國民黨海軍各種機構和設施最為集中的地方，很快就會被強大的人民解放軍所攻克。他決心一定要在那裡搞到船和人，儘早建立起一支屬於人民解放軍的海軍隊伍。

▲ 張愛萍為調到海軍的陸軍官兵作報告

▌「一號通告」

在進駐上海之後的半年裡，華東海軍接管了遍佈華東、華南五個省的三十多個原國民黨海軍陸上機構和設施；接收的艦艇包括一些已經廢舊的船隻，計有各型艦船二十六艘、各型小艇五十四艘。

一些陸軍指揮員被分配到了艦艇上，被滿眼的機器、儀表、管路、電線弄得暈頭轉向，摸不敢摸，動不敢動。鑽一天艙門爬半晌舷梯，腦袋上不知道要磕出多少大包。由於不懂得海軍專業技術，艦艇撞碼頭、擱淺、操作失誤的報告不斷傳來；司令部下達的訓練計劃也不能按時完成……

張愛萍和華東海軍司令部覺得必須想出解決辦法來。

一九四九年六月三日，上海重慶南路一八二號掛出了一塊醒目的牌子：「國民黨海軍人員登記處」。六月十一日，上海久負盛名的《大公報》上刊登了一則醒目的「登字第一號」通告，裡面有這樣一句話：「凡曾在國民黨海軍服務，不論脫離遲早，不論官佐士兵，或階級高低，不論航海、輪機、製造、槍炮、通訊、測量、軍需、醫務，或其他行政人員，均可前來登記。」

用「一號通告」這種方式招賢建軍，在人民解放軍歷史上是第一次。求賢若渴的華東海軍想出了登廣告這個辦法，多少也是出於無奈。同時，也反映出張愛萍開放的思想和非凡的氣魄。

海軍是高技術軍種，僅僅依靠由人民解放軍陸軍「半路出家」改編而來的新海軍戰士是駕馭不了的，在技術上還要依靠大量原國民黨海軍官兵。較之艦船、機構、工廠、碼頭等硬件設施，人才是最為核心的元素。

通告發出後，陸陸續續來了一些人報名。華東海軍司令部根據手中掌握的信息，知道很多人吃不準共產黨的政策，還在猶豫和觀望。

一天晚上，原國民黨海軍辦公廳副主任徐時輔的家門被敲開了，來客就是張愛萍本人。徐時輔曾是原國民黨海軍總司令桂永清的紅人，曾經留學美國，而共產黨的主張之一是「打倒美帝國主義」，看到張愛萍突然出現在自己的家中，他無法不感到意外。

面對張愛萍的盛情邀請，徐時輔終於答應出山。張愛萍知道他還有一層顧忌，就指著屋裡的電燈開關說道，「我要求很簡單，不要我的戰士懂得電燈為什麼會亮，只要教會他們怎樣做，電燈才會亮。」徐時輔鬆了一口氣，連說那我能幫你做到。

張愛萍夜訪徐時輔的故事傳開後，在滯留上海的原國民黨海軍人員中引起了很大的反響。登記報名要求參加人民海軍的原海軍人員很快就達到了一千一百多人，其中還有清末北洋海軍時期的老海軍。連同起義的國民黨海軍人員在內，已有四千多名原國民黨海軍人員加入了人民海軍的行列，其中有數十名擔任過艦長、艇長以上職務。對於一支「白手起家」的海軍來說，這已經是一支相當可觀的力量了。

一九四九年八月十五日，華東海軍學校在南京原國民黨海軍總司令部舊址上成立，張愛萍親自擔任校長。首批新海軍學員一千五百人以學習海軍專業為主，選調原海軍人員當教員；原海軍人員二千多人以學習人民解放軍宗旨、傳統等內容為主，由校領導授課。學期兩個月。

張愛萍開玩笑地解釋課程設置的用意，「你瘸了條腿，我也瘸了條腿，我們綁在一起，不就成了兩條好腿嗎？」「兩個跛子」只是個形象的比喻，而取長補短、互相借鑑就是華東海軍學校乃至整個華東海軍的創建

方針。

　　新海軍學員的訓練構想很快遭到了質疑和反對。原國民黨海軍起義將領林遵認為新海軍戰士文化程度太低，沒法進行專業訓練。張愛萍說第一步先讓他們能把艦船開起來就行，以後再慢慢提高。林遵說，從沒有聽說過有這種方法。蘇聯顧問附和說，蘇聯海軍也從來沒有過這種訓練辦法。

　　張愛萍急了：世界上的東西不都是從無到有嗎？

▲ 脫下陸軍服，穿上海軍裝

這時，已經擔任學校教育科長的徐時輔發揮了大作用。一九四七年，徐時輔率領國民黨海軍數十名官兵去美國接收「興安」號修理艦，出國前這些士兵百分之八十以上是剛入伍的。在美國經過不足六個月的速成訓練後，他們已能勝任自己的工作，駕駛「興安」號艦橫渡太平洋順利回國。徐時輔拿出自己苦心擬制的速成訓練計劃，爭議停止了，新海軍的訓練工作很快走上了正軌。

　　徐時輔全身心投入到海軍創建中去，他在嘗試以最為快捷的方式使來自解放軍陸軍的同志們掌握操船、槍械的技能。後來張愛萍親自為他主持了婚禮。在剛剛解放的中國，一個華東海軍司令員為招聘來的原國民黨海軍上校軍官主辦這樣純私人性的活動，反響可想而知。一九九八年徐時輔病逝，張愛萍在悲痛中為他寫下了這樣的詩句：「倏忽五十載，猶念昔日情。」

　　感受到知遇之恩和共產黨人博大胸懷的原國民黨海軍官兵，在與曾經被他們鄙視的「陸軍土包子」們的朝夕相處中，無法不發生潛移默化的變化。

　　一個叫趙孝庵的原國民黨海軍水兵，因為聚眾鬧事被已擔任華東海軍副司令員的林遵關了禁閉。華東海軍派到起義艦隊的軍官李進找他談話，說你現在是解放軍了，解放軍可不光是個兵，當了解放軍，還要打倒貪官污吏、軍閥惡霸，解救天下受苦人。我們都是受苦人，都被人家欺負過，怎麼就跟著國民黨軍隊欺負老百姓呢？用解放軍的話說，這叫忘本啊！

　　趙孝庵自幼家境貧寒，十多歲流落街頭，為了生計在國民黨海軍當兵，受盡各種苦難，也就沾染了些兵痞習氣。李進的一番話觸動了他的心靈，他長這麼大，從來沒聽過這樣的話語，面對過這樣的長官。點到傷心

處，兩人都流了淚。李進就向林遵反映，趙已覺悟並認錯悔改了，是否就解除監禁。林遵說趙不就是個兵油子嗎？豈能壞了艦上的規矩？

但就是林遵眼中的這個兵油子，後來在海戰中成了人民海軍的第一批戰鬥英雄。趙孝庵於一九五〇年代表華東海軍參加了全國戰鬥英雄大會和北京國慶大典，還受到了中國人民解放軍總司令朱德的接見。這對一個曾經的流浪兒來說，該是多麼大的鼓舞和榮譽！

▲ 在原國民黨海軍總司令部舊址上建成的華東海軍學校

一九四九年九月二十三日在北平宴請包括林遵、鄧兆祥在內的二十六名國民黨軍起義將領時，毛澤東這樣說道：「由於國民黨軍中一部分愛國軍人舉行起義，不但加速了國民黨殘餘軍事力量的瓦解，而且使我們有了迅速增強的空軍和海軍。」

▲ 趙孝庵等人作為華東海軍代表出席全國戰鬥英雄代表會議

▍初試身手

一九四九年九月，代表海軍參加全國政協會議的張愛萍，接到通知，隨同一支龐大的代表團去蘇聯訪問和洽談援助事宜。張愛萍興奮不已，看來華東海軍的艦艇和裝備終於有機會改善了。

當時在華東海軍全部的百餘艘艦船中，真正能稱為軍艦的，只有十幾艘，還是中小型的。其餘都是些小船、小艇，即使在國民黨海軍中也主要用之於江防，很少出海。這些艦船性能落後，陳舊不堪。其中最老的軍艦，艦齡達五十多年。這些軍艦排列在一起，什麼樣兒的都有：有民國初年江南造船所建造的舊艦，還有來自美、英、法、日、德、加、澳等國的二戰前的艦艇，甚至還有清朝購自日本的老艦。艦船型號雜亂，主副機機型多達三百餘種。許多艦船年久失修，「缺胳膊少腿」。對於一支海軍來說，這種狀況簡直可以用慘不忍睹來形容。

但是張愛萍訪蘇的成果除了帶回六名蘇聯海軍顧問，只有一番深深的感慨：「求人莫若求己，上策莫若自治。」在後來三十多年從事國防工業的生涯中，張愛萍一直是最堅決的自力更生派，不能說與這次訪蘇的經歷無關。

在現有的這個窮家底上，到底怎樣才能發展和壯大起來呢？整個華東海軍上上下下都開始琢磨這個問題。

原國民黨海軍總司令部機械署少將署長曾國晟想出了一個主意：「陳船厲炮」。人民海軍的當務之急是清剿沿江沿海的國民黨殘餘部隊，保衛江海航道安全和海上運輸的暢通，完成這一任務，並不一定需要大艦。關

▲ 炮艇向前挺進

鍵是一旦遇上國民黨海軍的大艦怎麼辦？那就要比試一下誰的火力更強了。在現有的較小噸位的舊艦船上，改裝上口徑大、射程遠、射速快的火炮，增強炮火的威力。大砲上小艦，取個好聽點的名字：「陳船厲炮」。

雖然現有的這些船並不是都能用的，但可以改造。按曾國晟的觀點，商船和軍艦的區別主要在船體的艙隔上，商船間距大些，軍艦間距小些，防止中彈後進水太多沉沒。明白了這個道理後，不難改造。

再就是火炮。軍艦買不到，艦炮還是可以搞到的。當時解放戰爭基本結束了，陸軍部隊地面火炮和大口徑機槍有的是，何況改裝炮架和操控、瞄準系統也不是什麼難事。

「陳船厲炮」政策很快就顯現出它的威力了。

一九四九年十月，華東海軍展開了它成立後的首次作戰行動，開始在長江、太湖水域以及近海海域的重要地段上，清剿國民黨海上殘餘勢力。加裝了火炮的各類民用艦船，使敵人難辨真偽，往往是抵近了，打他個措手不及。緊接著海軍又協助陸軍進剿長江口和杭州灣以東島嶼，掃清了長江口附近的海上通道。

一九五○年初，國民黨海軍在長江口內外海域布設了大量水雷，揚言要封死大上海，要把這座繁華的國際大都市變成「死城」。這期間先後有多艘中外商船觸雷，其中還發生了幾起外國商船觸雷沉沒事件，國際輿論嘩然。後來被授予共和國元帥軍銜的陳毅市長非常焦急，把張愛萍找去，當面下達了儘早排除水雷的命令。一九五○年四月，華東海軍的第一支掃雷大隊成立，一個半月後即投入長江口掃雷作業。說是掃雷大隊，其實沒有一艘正規的掃雷艇，十艘掃雷艇全是用排水量僅二十五噸的登陸艇改

▲ 人民海軍的掃雷艦艇在長江口掃雷

的。掃雷的辦法也是相當的簡單而且「不可思議」：用兩艘登陸艇拖一根鋼纜，沿航道搜索。

最初的半個月內沒有掃除一枚水雷。原因是艇太小，在急流中難以勝任。掃雷具鋼索太細，經常斷裂。後來，重新改裝了四艘排水量三百八十噸的「古田」級登陸艦，使用了較好的掃雷具，夜以繼日地在航道上往返清掃，整整進行了三個月，於九月底終於將國民黨海軍布下的水雷掃盡。上海通航了，新生的人民政權渡過一個險灘。

經原國民黨海軍教官訓練出來的第一批來自解放軍陸軍的指戰員們，打起海戰來，也使他們的老師們目瞪口呆。當時國民黨封鎖大陸用的是一千噸以上的護衛艦和數百噸的砲艦，而華東海軍是三百噸以下的登陸艇和

▲ 海軍初期指戰員在學習航海

炮艇。後來成了海軍福建基地司令員的陳雪江率先打了一仗，他的幾艘小艇面對國民黨海軍的大艦毫不畏懼，敢打敢拚，創造了人民海軍史上小艇打大艦的先例。

隨著大噸位艦船的改裝交付，華東海軍開始把作戰目標指向距離海岸線較遠的國民黨軍隊駐守島嶼。先是主要協同陸軍向長江口外國民黨軍駐守島嶼展開進攻。隨後，南下浙東沿海進行反封鎖戰鬥。一九五一年上半年，為護航和保護漁業，華東軍區海軍奉命在北起江蘇北面的青口、南到浙江三門灣的地區進行了清剿海匪的戰鬥，使海匪襲擾銳減，航運和漁業生產開始恢復。

……

一九五五年十月，華東軍區海軍改編為人民海軍東海艦隊。

第二章

鏖戰東南沿海

一九四七年五月七日，就在人民解放軍合圍上海即將發起總攻的前夕，蔣介石乘坐一艘輪船黯然離開了上海。他的第一個目的地是舟山群島，然後是最後的落腳點——臺灣。

　　十年「剿匪」，三年內戰，蔣介石和他的國民黨軍在中國大陸的戰爭中輸得一敗塗地。不甘心的蔣介石幻想以臺灣為基地、東南沿海眾多島嶼為依託，利用自己暫時的海空軍優勢從海上重創新生的共產黨政權，待機重返大陸。

　　面對來自國民黨海軍的海上封鎖、竄擾侵犯，新生的人民海軍奮起反擊。

　　在一九六五年「八六」海戰及崇武以東海戰相繼慘敗之後，蔣介石終於認識到「反攻大陸」已不可能，偏安自保是唯一的選擇。一場持續了十五年之久的海上正面交鋒就此落下了帷幕。

打通廣州出海口 —— 人民海軍的第一戰

　　一九四九年十月底人民解放軍攻克廣州後，人民解放軍締造者之一的葉劍英被中央政府委任為廣州市市長。廣州自近代以來就是中國南部最大的商埠和出海口，毗連的香港又是新政權與西方國家進行貿易的中轉站。對葉劍英這一非同尋常的任命，可見廣州這座城市對於當時新政權的重要性。

　　剛剛解放的廣州面臨著出海口被國民黨軍封鎖的困境。一九五〇年四月以後，國民黨海軍的第三艦隊和一個海軍陸戰團駐守於距珠江出海口不遠處的萬山群島。萬山群島由數十個島嶼組成，距大陸二十至五十海里不等，與香港、澳門隔海相望，是扼制廣州出海的咽喉所在。

　　萬山國民黨守軍為執行封鎖大陸的計劃，在海上敲詐漁民，向來往於香港、澳門之間的商船強索「買路錢」，還搶劫香港輪船「新生」號，劫走船上港商的黃金五百多兩。廣東對海外的貿易因此被截斷，漁民不敢出海打魚，經濟損失一天比一

▲ 廣州的大動脈-珠江

天嚴重。

打破封鎖，打通南大門出海通道，掃除珠江口障礙，這是關係到新中國經濟復甦和國際往來的頭等大事。但要拔掉萬山群島這個釘子，剛剛成立幾個月的廣東軍區江防部隊（南海艦隊的前身）看起來很難完成這個任務。

廣東軍區江防部隊雖然陸續蒐集了一些艦艇和民船，但所有艦艇加在一起總共才一千多噸。而且海圖只有三張，航海儀只有四部，艦艇之間的通迅聯絡全靠步兵用的報話機。技術人員更是奇缺，平均二艘艦艇上只有一個機電兵，三艘艦船上只有一個領航員，至於有海上作戰經驗的艦、船長，總共才二人。不久，指揮部從武漢、長沙和廣州招來一批海員，從陸軍調來一百二十六名汽車司機登上軍艦，改為輪機手和操舵手。國民黨海軍則擁有一支三十多艘艦艇的艦隊，僅旗艦「太和」號護衛艦的噸位就超過了江防部隊艦艇的總噸位，而且臺灣的艦艇還可以隨時前來支援。一句話，無論是從艦艇噸位、火力、數量和速度，還是從人員的操縱技術上，國民黨海軍都占著極大的優勢。

人民海軍的第一戰注定要採取一種非常規的戰法，否則幾乎沒有取勝的機會。

小艇戰大艦

一九五〇年五月二十五日凌晨二時，廣東軍區江防部隊十六艘小型艦艇加上徵用的八艘民船，在夜幕的掩護下準備起錨駛向國民黨海軍第三艦隊主力駐守的垃圾尾島。全部艦艇分為三個編隊：第一隊為火力隊，由「桂山」艦和「解放」號等三艘艇組成，任務是襲擊垃圾尾馬灣錨地的敵

艦隊，掩護登陸部隊在垃圾尾島登陸；第二隊為掩護隊，由「先鋒」、「奮鬥」號等艇組成，任務是機動於垃圾尾和香港之間，掩護登陸部隊的側翼和截擊撤退之敵；第三隊為登陸隊，由一艘改裝的軍艦及八艘登陸艇組成，其任務是將二個營的登陸部隊送上垃圾尾島。

火力隊首先起航。按照計劃，一小時後登陸隊和掩護隊應當相繼起航。

「解放」號炮艇航行在編隊的最前面。凌晨四時，「解放」號抵近馬灣口。透過迷濛的晨霧，火力隊副隊長林文虎禁不住吃了一驚：港灣裡黑壓壓停泊著二三十艘艦艇！

林文虎往自己的身後看了看，後續艦艇卻蹤影全無。

出發前，指揮部規定：各艦船以八節的航速前進，拂曉登陸。誰料想，當「解放」號凌晨二點啟航後，其他艦艇有的主機發動不起來；有的機油還沒有加夠；有的根本開不到八節的速度，掉了隊；有的走偏了航向，開到垃圾尾以東二十多海里的地方。而登陸部隊不懂潮汐規律，有些人漲潮時沒有及時上船，落潮時又上不去船，急得在岸上罵人。就在「解放」號到達馬灣口時，登陸艇還沒出發。

情況萬分緊急！「解放」號炮艇排水量只有二十八噸，最大航速

▲ 林文虎烈士

十節，只裝有一門火炮、二門機關槍和臨時裝上的一門無後坐力炮。眼前敵人二十多艘敵艦艇的總噸位卻相當於「解放」號的三百倍！

就在林文虎還在猶豫的時候，國民黨海軍艦隊旗艦「太和」號的信號兵發來燈光信號，詢問來艇是哪部分的，他們根本沒有料到這會是人民海軍的艦艇。

林文虎當機立斷，決定不等後續艦艇，單艇出擊！

「解放」號加速前進，直衝到「太和」號左舷一百米處，全艇槍炮一齊開火，痛打這艘一千四百多噸的大軍艦。

「太和」號中彈後艙面起火，艦隊司令被打成重傷。慌亂中，「太和」號誤以為是旁邊另外一艘靠近「解放」號的登陸艦發生嘩變，就向這艘登

▲ 「解放」號砲艦

陸艦開炮。

登陸艦連中數彈後，也誤以為是「太和」號有變，開始還擊，雙方自相殘殺。而國民黨海軍岸上的砲兵也不明就理，又向互射的軍艦開炮，軍艦又向岸上開炮。「解放」號穿梭在國民黨軍艦之間開火射擊，把國民黨軍的艦隊攪得亂成一團。

英魂永在

在一片混亂中，一部分國民黨海軍艦艇向港口外逃去，又被剛剛趕來的廣東軍區江防部隊「桂山」號登陸艦堵住炮擊，國民黨海軍一艘炮艇被擊沉，多艘中彈。

拂曉之後，國民黨海軍發現痛打他們的只有一艘小炮艇和一艘不到四百噸的登陸艦，立即組織反撲。

「解放」號多處中彈，全艇包括林文虎在內的十九人中，已傷亡十三人。這艘嚴重受創、已經失去戰鬥力的炮艇只能左閃右躲，撤出戰場返航。此後，敵艦的炮火全部集中到了「桂山」艦的身上。

「震天動地的炮聲吞沒了垃圾尾島，砲彈在海裡炸起白花，戰士們的鮮血染紅了甲板，也染紅了海水。桂山號獨戰數小時後，人員傷亡過重，艦體受創亦很厲害。」當年戰鬥的倖存者曹志友在他的日記中這樣記述道。

艦體多處起火，情況萬分危急。此時，在「桂山」艦上擔任火力隊隊長的郭慶隆想到，坦克艙裡有準備登陸作戰的五十多名陸軍士兵，無論如何必須搶灘登陸，將他們送上島去！

「桂山」艦拖著濃黑的煙柱，冒著敵人密集炮火搶灘成功。可是萬萬

▲ 被擊沉的「桂山」艦

沒想到，大火把艙門封死，艙門怎麼也打不開。坦克艙裡濃煙翻滾，溫度急遽升高，艙內的士兵面臨著死亡的威脅。

就在這千鈞一髮之際，輪機兵溫國興脫下軍裝，把手臂一裹，撲了過去，握緊艙門手柄，死命地轉動起來。艙門終於被打開了，但溫國興焦黑的身軀已經和艙門黏在了一起⋯⋯

陸軍戰士們向灘頭發起了衝鋒，島上守軍的輕重武器一齊壓過來⋯⋯戰後統計，「桂山」艦全體艦載人員七十八名，僅有五名重傷者生還。

就在「桂山」艦浴血奮戰吸引了敵人的前後，掩護隊和登陸隊乘機運送陸軍登上了青洲島和三角島，並在砲兵和海軍掩護下逐島推進，擊敗了國民黨海軍第三艦隊的反撲。而後經過二個多月的戰鬥，萬山群島全部被

解放，廣州的出海通道打通了。

「解放」號炮艇退役後，現陳列在青島海軍博物館廣場上。昔日的垃圾尾島在今天已經改名為桂山島。在當年搶灘戰鬥地的一塊高大岩石上，鐫刻著「桂山號英雄登陸點」。還有一座鐫刻著「解放垃圾尾烈士永垂不朽」字樣的紀念碑靜靜地守在旁邊，緬懷著在人民海軍第一次海戰中犧牲的英雄們。

▌衝破封鎖──浙東海上作戰

　　瀕臨東海的浙江省是中國大陸地域面積最小的省份之一，但它所屬的島礁卻又是全國最多的，達三千多個，居全國之首。

　　二十世紀五〇年代，國民黨海軍以浙東島嶼為據點，不斷對大陸沿海地區實施海盜式的搶掠。

　　除此之外，他們還公然在公海上搶劫國際商輪，試圖通過製造事端引起國際衝突。一九五二年，國民黨海軍劫持了一艘英國商船，船長羅伯

▲ 一九五〇年底華東軍區海軍部隊協同陸軍解放了南韭山和檀頭山

特・亞當斯被打死；後又發生了劫持波蘭商船「布拉卡號」、蘇聯油輪「圖阿普斯號」的事件。當時的國家總理周恩來十分焦急，多次致電華東軍區詢問解決辦法。

當時浙江沿海從漁山列島一直到大陳列島都是國民黨軍控制，要從根本上打破國民黨軍對大陸海岸線的封鎖和沿海地區的襲擾，辦法只有一個：奪占沿海敵占島嶼。

擊沉「太平」艦

大陳海域是浙江最大的漁場，這裡盛產各種魚類，入汛以來，南來北往的漁船雲集於此，高峰時可達五千多艘，漁民約達十萬之眾。

一九五四年三月十八日凌晨，來自中國大陸的漁船隊在大陳海域捕魚作業時遭到國民黨海軍二艘軍艦的騷擾破壞，華東海軍護漁的二艘軍艦與之發生交火；附近的華東海軍巡邏艇也遭到六架敵機的襲擾。

華東戰區立即給海軍下達作戰命令。海軍航空兵米格-15 戰機二架奉命起飛後，進入南田上空與四架國民黨空軍 F-47 飛機遭遇。二架對四架，空中纏鬥一直逼近到大陳島上空，人民海軍航空兵的飛機把國民黨空軍飛機一直壓到距海面七〇米，抵近到四百米時開火射擊。空戰發生之際，附近海域的上萬漁民駐足船上一齊仰頭觀戰，繼而歡聲雷動，成為世界海空戰史上一個空前奇特的景觀。

南田空戰是人民海軍航空兵組建以來的第一次空戰，擊落敵機二架，人民海軍航空兵無一傷亡，開局二比零。雙方由此展開了浙東海域制海權、制空權的爭奪，拉開了大陳列島戰役的序幕。

一九五四年四月，駐紮在青島的人民海軍魚雷艇第三十一大隊突然接

到轉移命令。在裝船航渡了幾天之後，官兵們發現自己的目的地原來是浙東海域。

這是一次絕密行動。

國民黨海軍「太平」號護衛艦自恃個頭大，經常耀武揚威地進出浙東海域。這個滿載排水量一千四百三十噸、艦員二百二十多名、裝有 76.2、40、20 毫米等口徑的艦炮十八門的龐然大物，是當時國民黨海軍火力最為強大的護衛艦之一。以「太平」號為首的幾艘國民黨海軍軍艦噸位大、火力強，華東海軍的普通艦艇奈何它們不得。於是魚雷艇第三十一大隊的一批魚雷艇被調到了這裡待機攻擊國民黨海軍的大、中型軍艦。這些魚雷

▲ 戰鬥在浙東海面的艦隊

▲ 破浪前行的魚雷艇突擊群

艇是從蘇聯引進的一二三型鋁質快艇，標準排水量二十餘噸，最高航速五十二節，配備魚雷發射管二具，雙聯裝十二點七毫米機槍二挺。由於體積小，機動性好，殺傷威力大，被稱為海上「鐵拳頭」。

五月中旬的一天，解放軍發起了奪占東磯列島的作戰行動。第二天拂曉，國民黨海軍出動了包括旗艦「太和號」在內的四艘軍艦前來支援。雙方發生了戰鬥，因天氣變壞，能見度降低，遂脫離了接觸。東磯山的戰鬥引起了浙東前線總指揮張愛萍的高度關注，他在核實情報後，親自定下了擊沉國民黨海軍一到兩艘中、大型軍艦的決心。

第三十一大隊在東磯列島附近潛伏下來，隨時準備在附近高島雷達站的導引下圍捕國民黨海軍軍艦。

但國民黨海軍軍艦突然不來了。這一等就將近半年。

十月底的一天，突然傳來了關於國民黨海軍軍艦動向的情報。第三十一大隊六艘魚雷艇利用夜幕的掩護在護衛艇大隊拖帶下起航前往新的待機點。他們選擇的航渡路線，平時很少有船隻來往，被人發現的可能性微乎其微。另外在夜間航行，由於視距不良，體積小的魚雷艇又藏在體積大的護衛艇身後，別人很難發現其中的「奧秘」。就這樣，魚雷艇神不知鬼不覺地進入了高島錨地，在背對國民黨軍駐守島嶼的島灣凹處隱蔽起來。

十一月三日，國民黨海軍一艘大型軍艦出現在預定攻擊區域。六艘魚雷艇立即像離弦之箭射了出去，直撲目標。但是海上風浪突然達到了四級以上，魚雷發射的精度已經不能得到保證。無奈之下，六艘艇只有返回，再度隱蔽待機。

這時已進入初冬季節。由於魚雷艇沒有住艙而且空間又小，艇上沒有床鋪睡覺，戰士們就和衣蜷曲在戰位上過夜，空間不夠，大家就在甲板上再搭起一層板作床鋪。天下起雨來，艇員們沒有地方躲避，只好穿著雨衣，在艇上挨雨淋，寒風吹來，身上又結了一層霜，時間一長，一個個臉發紫，牙打顫，渾身冰冷。一位水兵說：「除了一顆心是熱的，其他就像泡在冰水裡。」由於艇上無法做飯，吃飯成了大問題，只能派人乘上登陸艇到很遠的地方去做飯，做好後再送到艇上來，由於風大路遠，飯送到艇上已經涼透了。

但是全隊上下眾志成城：等！一定要等到機會！

十一月十四日零時剛過，一艘國民黨海軍軍艦從大陳島出來不久被高島雷達站發現。雷達兵一直盯著螢光屏上的微小亮點，記錄員不斷報告國民黨海軍軍艦的方位和距離，繪圖員緊接著標畫在海圖上，通信業務長及

▲ 魚雷快艇編隊

時準確地把敵艦活動情況通報給魚雷艇。

指揮所一聲令下，四艘魚雷艇立即加足馬力衝出港灣，撲向目標。

魚雷艇破浪航行，一會兒被推上波峰，一會兒又掉進浪谷，被魚雷艇衝擊起來的浪花濺滿了整個甲板。魚雷艇身長不足二十米，而湧浪間隔在二十至三十米之間，當前一個浪峰處在艇尾時，魚雷艇便落入浪谷底部，形成浪峰壓艇首，整個甲板都沒入水中，此時已經不是破浪前進，而是半潛加破浪。這種情況下航行，主機負荷加大，發出沉悶的隆隆聲。此時，在甲板上最危險位置的水手長、魚雷兵，他們都用繩索與駕駛臺扶手繫緊，以防被海水衝入海中。

但魚雷艇上的官兵們已經顧不得這些了，他們此刻只有一個想法——迫近敵艦。當距敵艦隻有六七海里的距離時，敵艦的艦橋、鐵錨和雷達都已經看得清清楚楚。但這時敵艦仍然沒有發現厄運即將來臨，還在不緊不慢地向東航行。當距敵艦隻有四海里的時候，四艘魚雷艇迅速一字展開，形成攻擊隊形……隨著各艇艇長的一聲聲口令，艇身猛地一震，八枚魚雷呼嘯而出，直撲敵艦。

▲ 「太平」號護衛艦正在下沉

　　一排排照明彈、一顆顆求救信號彈，劃破夜空，從敵艦上不斷升起……天亮以後，這只昔日橫行於大陳海域的巨鯊在歷經了幾個小時的掙扎後，最終一頭沉入了海底。艦上的國民黨海軍官兵死二十九人、傷三十七人，其餘一四五人獲救。

　　人民海軍魚雷艇第一次出戰，由於準備充分，隱蔽設伏，近戰夜戰，出其不意，獲得了重大勝利。「太平」號也是人民海軍至今為止擊沉的最大的敵艦。

單艇獨雷建奇功

　　一九五四年十一月下旬，華東海軍魚雷艇第一大隊的六艘魚雷艇在幾艘護衛艇的拖帶掩護下進入白岩山島待機點，這是包圍封鎖上、下大陳島

咽喉要道的最佳位置。第三十一大隊不久前剛擊沉國民黨「太平」號軍艦，受到振奮的第一大隊官兵們不甘落後，決心也要一展身手。

在苦苦隱蔽了四十多天后，機會終於出現了。

一九五五年一月十日，浙東海域濁浪拍天，風速達到每秒鐘十七米，國民黨海軍艦艇全部錨泊大陳港內避風。中午，華東海軍航空兵戰機出動，會同人民空軍機群對大陳港內進行大規模轟炸行動，炸沉、炸傷國民黨海軍多艘艦艇，港內一片火海。剩餘艦船分頭逃竄，頂風浪駛向西南方海面防空。

埋伏在白岩山錨地的魚雷艇第一大隊官兵等的就是這一時刻來臨。他們知道，只待日落天黑，那些外出躲避的國民黨海軍艦艇就會陸續返航，白岩山外航道是必經之路，也是魚雷艇的最佳伏擊位置。

傍晚，大隊指揮所下達準備出擊的預先號令，趁白天因躲避轟炸而逃到外海防空的敵艦開始返航，隨時準備行動。十分鐘後，第一大隊四艘魚雷艇依次駛離白岩山島，直奔指定的出擊集結點。但由於海上氣象條件極度惡劣，有二艘魚雷艇掉隊未能趕到。

在接到出擊命令後，一〇二號魚雷艇以三十節航速向敵艦飛馳而去。距敵艦約有三十鏈（每鏈長度為 185.2 米）時，副中隊長王政祥按條令下達了二管魚雷準備戰鬥的命令。當一〇二號艇抵近敵艦並同向航行二分鐘後，艇長張逸民在扳動發射把射擊之後，意外地發現左管魚雷射出後速度異常緩慢，右管魚雷沒能射出。

幾乎與此同時，一〇一號魚雷艇也對敵艦發起了魚雷攻擊。但由於風高浪大，二枚魚雷偏離了目標。

焦急的張逸民立即停車，下令排除魚雷故障。兩個魚雷兵趴在結了冰

▲ 追擊目標

的甲板上，費盡周折好不容易排除了故障並查明了原因。原來由於風浪過大，二個魚雷發射管的前蓋剛一打開，大量海水就立即灌入。送藥受潮不能充分燃燒，造成瓦斯壓力不足，魚雷出管速度減慢或者不能發射。

在右管魚雷故障排除後，張逸民命令立即啟動主機，繼續向大陳島追去。追擊了大約一刻鐘，卻接到返航命令，張逸民和艇員們悻悻地返回原停泊點。該抓到手的敵艦給跑掉了，大家都感到窩囊不已。

大約二個小時之後，雷達再度捕捉到敵艦出現的蹤跡。第一大隊大隊長一聲令下：「一〇五、一〇六兩艇出擊！」

張逸民聽到消息後，立刻趕到指揮所請求讓一〇二號艇再度出擊。

現在一〇二號艇只有右舷有雷，一枚一噸重的魚雷對於排水量僅有二

十餘噸的魚雷艇平衡的影響之大是不言而喻的。而且海上風浪大、能見度低，在風口浪尖上急駛很可能艇翻人亡。大隊長理所當然地拒絕了張逸民的請戰。

但鬥志昂揚的張逸民一再請求出擊。最終他還是如願以償了。

二十三時二分，一〇二號艇出發了。此時距一〇五、一〇六號艇出發已經隔了七八分鐘。海上颳起了五六級北風，海浪湍急，一〇二號艇的艇身開始嚴重偏轉。五名艇員趕緊頂著風浪，抱在一起靠在左舷上防止快艇向右翻轉。更要命的是，到了出擊點未能發現一〇五、一〇六號艇的蹤影。

張逸民心想，這次就只能單幹了。

月亮出來了，在海面上形成一個光帶，一〇二號艇正好就朝著月亮航行。在高速航行了約一刻鐘後，前方突然發現一個目標──國民黨海軍「靈江」號砲艦。「靈江」號原名「洞庭」號，是一艘美製內燃發動機砲艦，滿載排水量四六〇噸，特點是速度快，艦體吃水僅二米多。嚴格地講，這樣一艘艦長僅有五十多米的小噸位艦隻，又是在風浪中，是不符合魚雷攻擊條件的。條令規定，魚雷只能攻擊艦長一百米以上，噸位一千噸以上的水面艦隻。然而這些條條框框已經不在張逸民頭腦考慮之列，他只有一個念頭：攻擊！

由於一〇二號魚雷艇安裝了消音器，「靈江」號根本沒有發現一〇二號艇的靠近。在以三十五節的時速接敵進入五鏈時，張逸民提醒自己要沉住氣：只有一枚魚雷，一定要最近距離精確射擊。

進入三鏈，張逸民立即拉動瞄準器。此時水手長張德玉在一旁一個勁叫：「艇長，該射擊了！」

▲ 指揮戰鬥中的張逸民

　　張逸民卻不慌不忙，直到判斷距離在二鏈之內，與敵艦夾角約六十度時，他才邊瞄準邊大喊：「預備——放！」

　　幾乎在魚雷入水的同時，一〇二號艇立即減速、停車，再倒車，然後左滿舵退出戰鬥。在不到十秒的時間裡，一聲魚雷爆炸的巨響將一〇二號艇上的所有玻璃和安全燈罩全部震碎。這枚魚雷不偏不倚地命中了「靈江」號的舯部。有位專家說，一〇二號艇如果再靠近爆炸點三十米，就要

與敵艦同歸於盡了。

這艘譜寫了世界海戰史上一段驚險傳奇的魚雷艇，在戰後被授予「功勛魚雷快艇」稱號。

它是人民海軍戰魂的象徵。

「目標，一江山島！」

在「太平」艦和「靈江」艦相繼被人民海軍魚雷艇擊沉後，國民黨海軍部署在大陳海域的其他海軍軍艦聞風喪膽，再也不敢輕易出航。大陳海域的制海權已經被人民海軍掌握。

在空中，經過多次較量，制空權也被人民空軍和海軍航空兵所掌握。

在完全掌握了制海權和制空權後，下一步的選擇就是奪取大陳列島。

大陳列島北方的門戶屏障——一江山島成了整個大陳戰役的首要突擊目標。從一江山打進去後，可俯瞰大陳，大陳將難以防守。

一江山島是一座被狹長的海溝一劈為二的小島。整個島如一塊巨大的岩石，四壁陡峭，幾乎直立於海面，海水像一條江河從其間貫通而過，形成南江和北江兩個區域，遂得名一江山島。

在這座總面積只有一點三平方公里的小島上，密密麻麻地修建了明、暗地堡一百五十四座，四周的岩石上層層疊疊打鑿的儘是機槍發射孔。四周只要是能提供船隻停靠的岸灘，早都佈滿了水雷和軌條砦。

這裡將是人民解放軍第一次進行三軍聯合作戰的戰場。國防部長彭德懷告訴前線指揮部，殺雞也要用牛刀子。

在討論和制定作戰方案時，發生了激烈的爭執。蘇聯顧問竭力主張夜間航渡拂曉登陸。他引證了第二次世界大戰中盟軍登陸諾曼底、西西里和

沖繩的戰例後說，只有夜間航渡拂曉登陸才能成功，理由是航渡中可以避開敵機和敵艦的騷擾。一些參加過解放東南沿海島嶼的陸軍指揮員也支持這個主張，因為他們擅長夜戰。

華東軍區海軍司令員陶勇卻表示反對。他說華東海軍各種船隻性能不一，又無協同作戰經驗，夜間航渡困難更大。在已經掌握制空制海權的情況下，完全可以在白天登陸，尤其是中午航渡、下午漲潮時登陸更有利一些。

雙方各執一詞，蘇聯顧問掉頭就走，但陶勇毫不讓步。

陶勇是被毛澤東親自點將到海軍來的。在早年的新四軍抗戰中，他曾經帶領一支海防部隊活躍在華東的近海與內河與日本海軍周旋。在一九四

▲ 登陸兵航渡

▲ 航空兵出擊

九年渡江戰役中，英國「紫石英」號護衛艦向人民解放軍開炮，陶勇立刻部署砲兵還擊，打得「紫石英」號掛起白旗求和。毛澤東事後笑著說，「陶勇有膽識，將來就讓他幹海軍吧。」一九五二年他從朝鮮戰場回國後，很快被任命為華東軍區海軍司令員。

　　白天航渡對登陸船隻的各種保障能力提出了更高的要求。按照作戰計劃，一江山島渡海登陸作戰，至少需各類艦船一百二十五艘。可華東海軍當時只有五十九艘。華東海軍從別的地方又徵調了六十艘船隻，但仍有缺口。後來到上海從江南造船廠、上海港務局又弄來十七艘登陸艇。到一江山島作戰前夕，華東海軍共徵調了各類船艇一百四十多艘。

　　火力是登陸的首要問題。登陸兵在海上是完全暴露的，要靠強大的火力壓制住敵人。登陸上岸後向縱深發展時，遠在大陸的海岸炮和空軍不便以覆蓋火力壓制敵人，而要靠艦艇的隨伴火炮對點狀目標進行隨機射擊，

▲ 陸、海軍協同作戰，向著一江山島挺進

所以增加艦船的火力就尤為重要。海軍和兵工廠的工人們把「喀秋莎」火箭炮搬上船，又把登陸艇和漁船改裝為火力船，陶勇和副司令員彭德清親自坐鎮上海，用二十一天時間，改裝了七十七艘船艇。

嚴寒的大陳海域，是風高浪急的季節，漁船都休漁了，對岸的國民黨軍覺得可以鬆一口氣了。因為在這個季節是不可能進行海上登陸作戰的，有誰會頂著日夜呼嘯的狂風、冒著六七級的湧浪去渡海呢？美軍顧問團分析，以共產黨海軍現有的破舊艦艇和空軍落後的導航設備，不可能在這樣冬季多風和陰雨季節，發起任何規模的渡海登陸作戰。

但是，他們想錯了。

一九五五年一月十八日早上八時整，遠方的天空中突然響起了飛機的轟鳴聲。剎那間，一江山島頓時火光閃爍，煙霧騰騰。九點以後，突然一

切都安靜下來了，煙塵隨著風漸漸散去，一江山島在朦朧中依稀可見。

敵我雙方都沉默著⋯⋯整個海域出奇的寂靜，只有平靜的海水和耀眼的陽光。

十二時零五分，突然炮聲大作，砲彈雨點般向一江山島傾瀉下來。整個天空和海洋都顫慄了。一江山，成了一個燃燒的島。

第一次炮火襲擊後的十分鐘，在空軍和海軍航空兵一百八十多架戰機掩護和支援下，海軍四十六艘作戰艦艇護送運載陸軍的一百四十二艘艦船開始航渡，登陸艦船浩浩蕩蕩，向硝煙瀰漫的一江山島挺進，在漲潮時發起登陸作戰。

▲ 登陸部隊向一江山島制高點二〇三高地衝擊

登陸主地段選擇在一江山島西北角的一個突出部。這是個與登陸作戰條令不甚相符的地段：怪石嶙峋，像鯊魚的牙齒般的露出水面，伴隨著從峭壁上反彈回來鋪天蓋地壓下來的岩頭浪和漩渦。就是平時航船通過，也要驚出一身冷汗。

　　就在這個看似不可能、從而使得守軍放鬆火力控制的地段，一艘艘登陸艇直接衝向岩石，緊貼在岩石和峭壁上，保證登陸兵沖上岸。後來有國民黨方面的回憶文章說，共產黨的部隊幾乎是從海那邊的岩石頂上突然冒出來的，可怕之極！他們想像不到，就這個動作，海軍水兵們與陸軍部隊指戰員反覆磨合演練了幾個月。

　　三個多小時後，一江山島被人民解放軍基本占領，一千多名守敵被殲。

　　在一江山島被解放之後，大陳島已是岌岌可危。不久，國民黨守軍放棄大陳島撤回了臺灣。至此，浙東沿海原國民黨軍隊駐守的島嶼全部被解放。

▌「八六」海戰

從一九六〇年代初起，臺灣國民黨當局多次派遣軍艦到大陸沿海地區投送小股武裝特務進行各種襲擾活動。人民海軍多次出動艦艇進行截擊。一九六五年一年之內，人民海軍與國民黨海軍相繼發生了三次海戰，其中「八六」海戰是規模最大、戰果最為輝煌的一戰。

三次海戰給臺灣國民黨海軍以沉重的打擊，它標誌著海峽兩岸海軍力量的對比發生了明顯的變化，國民黨海軍在臺灣海峽的軍事優勢已成為過去。

鎖定目標

一九六五年八月五日十八時，剛剛從辦公室回到家中的南海艦隊司令員吳瑞林接到艦隊作戰室的緊急電話說有敵情出現。吳瑞林匆匆趕到作戰室後，值班科長報告說，兩個地點的雷達站先後發現距臺灣左營港八十四海里處，有二艘國民黨海軍軍艦，混在出海返航的漁船中，正向大陸沿海地區悄悄駛來。

吳瑞林立刻下令，由四艘高速護衛艇和六艘魚雷艇組成第一梯隊隱蔽在南澳島的澳灣待機突擊；由一六一號砲艦和另五艘魚雷艇組成第二梯隊，隨時準備增援。

隨後情報核實，來襲的國民黨海軍軍艦是標準排水量為八百九十噸的巡邏艦「劍門」號和排水量為二百七十噸的獵潛艦「章江」號。「章江」艦和「劍門」艦，從高雄左營軍港出發後，為了防止雷達偵測，刻意關閉

▲ 國民黨海軍「劍門」艦

▲ 國民黨海軍「章江」艦

艦上的通訊系統，並繞道香港外海，再轉往東山島。但所有人都沒有想到，儘管機關算盡，他們還是被發現了。

隨著黑夜的來臨，在「劍門」艦的艦艙，隨艦的十幾名神祕人物開始換上了解放軍的制服。他們是國民黨軍的特種部隊人員，準備在福建東山附近搶灘滲透，破壞設在那裡的雷達站。

八月六日零時三十一分，人民海軍的護衛艇和魚雷艇都已駛至預定會合海區。兩個戰鬥群雖距離不遠，但因岸上引導失誤，未能會合。

凌晨一點四十分，國民黨海軍軍艦發現了正在靠近的人民海軍護衛艇編隊，立刻發射照明彈並開始炮火射擊。編隊指揮員孔照年立即命令高速接敵，不准開炮，逼近敵艦。各護衛艇一邊規避敵艦炮火，一邊加速衝向敵艦編隊，將敵艦「章江」號與「劍門」號分割開來。

按照預定計劃，應先攻擊排水量較大的「劍門」號。可是「劍門」號

一邊開炮，一邊加速東逃。編隊指揮員孔照年臨時改變方案，決定先打離得較近的「章江」號。

各護衛艇衝至離敵艦「章江」號只有三鏈左右，與敵艦同向運動，猛烈射擊。最近時雙方相距僅一鏈多，「章江」號的火力完全被壓住。護衛艇上的火炮口徑不大，但射速快，加之採取了編隊齊射，砲彈像猛烈冰雹一樣砸向「章江」號。但是，小小的護衛艇要把「章江」號擊沉，實在是不容易。「章江」號像只蜂窩，有數十個艙室，互相密封，很難把它擊沉。

魚雷艇一直不見蹤影，它們到底在哪裡呢？原來，茫茫大海，漆黑之夜，無線電通訊設備的落後，再加上協同作戰沒有經驗，魚雷艇隊延誤了時間。

第三突擊小組的二艘魚雷艇終於趕上來並迅速進入攻擊位置，但魚雷攻擊未能獲得任何戰果。原來是因為過度緊張，目標辨認發生偏差，在暗夜之中錯把附近一座島礁認成了攻擊目標。隨後，第一突擊小組的二艘魚雷艇衝過來，發射的四枚魚雷都被「章江」艦躲避過去了。

經過一個小時的激戰，「章江」號仍未被擊沉。

情況報到艦隊作戰室，氣氛立刻緊張起來。吳瑞林命令護衛艇追上去集中火力使用穿甲彈，打擊敵艦水線以下的部位。各艇連續又進行了四輪攻擊，反覆攻擊敵艦，從距敵五百米，一直打到一百多米。十分鐘以後，「章江」號在經歷了反覆的攻擊後發生大爆炸，終於被打沉。

追擊「劍門」號

此時，已是八月六日凌晨，天將破曉。「劍門」號仍在外海游弋，既

不敢前來救援「章江」號，又不敢向臺灣逃竄。這一帶海域，距臺灣較近，國民黨空軍飛機可迅速抵達海戰海域上空。如果不能迅速擊沉「劍門」號，參加戰鬥的各艇在海上將會完全暴露在敵機的火力之下。到底是接著打還是不打，艦隊作戰室的氣氛又一次緊張起來。

情況驚動了遠在北京的總參謀部。李天祐副總參謀長給吳瑞林打來了電話，詢問是否還要打下去。

吳瑞林的回答只有一句話：「堅決打下去！」

在接到指示後，孔照年首先命令受創嚴重的六一一號護衛艇撤出戰鬥返航。六一一號護衛艇在擊沉「章江」號的戰鬥中，中彈十七發，人員傷亡百分之四十五，三部主機被打壞。輪機兵麥賢得在頭部負重傷、腦漿溢出的情況下，經簡單包紮後，忍著劇烈的傷痛，仍堅持往返於前後機艙操縱機器，並將艇開回了基地。戰後，麥賢得被國防部授予「戰鬥英雄」稱號。

孔照年隨即以三艘高速護衛艇以及魚雷艇第二梯隊的五艘魚雷艇組成了新的攻擊編隊，開始迅速追擊「劍門」號。追到距敵艦五十鏈時，「劍門」號上的火炮開始向追擊的高速護衛艇開火，砲彈不停地落在艇隊的周圍；一直追擊到距敵艦二十鏈時，追擊艇隊仍未還擊；追擊到距敵艦七鏈時，三艘高速護衛艇已與敵艦保持同航向、同速度。此時，孔照年下令：「開火！」三艘高速護衛艇集中所有火炮進行猛烈攻擊，只打了五分鐘，「劍門」號便中彈起火。四分鐘後，敵艦甲板上已經一片火海，火光衝天，已經喪失了還擊能力。

這時海上第二梯隊魚雷艇編隊趕到戰場。孔照年命令護衛艇編隊讓出最佳攻擊陣位，命令魚雷艇編隊立即實施魚雷攻擊。魚雷艇編隊追到距敵

艦僅有二鏈距離時，共發射十枚魚雷，其中三枚魚雷直接命中「劍門」號，「劍門」號被炸後，迅速下沉。距「劍門」號最近的一一九號魚雷艇，被「劍門」號爆炸掀起的一排排大浪震得劇烈搖晃，竟把電訊兵甩出了座位，把發報用的電鍵也拋了起來。

▲ 高速炮艇開炮掩護魚雷快艇施放魚雷

「劍門」號被擊沉後，孔照年接到迅速返航的命令，情報顯示臺灣方面出動了四架飛機正在趕來。但孔照年看到海面上有很多漂浮的國民黨海軍官兵，出於人道主義精神和從俘虜身上獲取更多信息的雙重考慮，他請求護衛艇留下進行打撈工作。

當四架國民黨空軍飛機飛到已經變成打撈現場的戰場上空時，人民空軍緊急起飛的八架殲擊機也隨後趕到。國民黨空軍飛機匆忙返航。

「八六」海戰，南海艦隊一舉擊沉了敵艦「章江」號和「劍門」號，國民黨海軍少將指揮官胡嘉恆以下一百七十多人沉入海底；「劍門」號海軍中校艦長王韞山以下三十三餘人被俘虜。人民海軍犧牲四人，傷二十八人，損傷護衛艇和魚雷艇各二艘。

第二章

保衛南海主權

一九七五年五月三日，毛澤東在會見海軍政治委員蘇振華時，最後說了一句「我們海軍只有這樣大。」說話的同時，他抬起左手晃了晃小指。這時離毛澤東第一次視察人民海軍並寫下「為了反對帝國主義的侵略，我們一定要建立強大的海軍」的題詞已經過去了整整二十二年。

　　青年時代的毛澤東在湘江之畔曾親眼目睹外國軍艦在中國內河之上的耀武揚威，那種刻骨銘心的恥辱感也是毛澤東和他的戰友們投身革命的原動力之一。初生的人民共和國如果不想重蹈近代中國的覆轍，就需要一支強大的海軍來保衛廣袤的海疆。

　　受制於當時的工業基礎與綜合國力，人民海軍只能建設起一支以輕型艦艇為主的近岸防禦性海上力量。但就是這樣一支規模的海軍，在抵禦外敵入侵的戰鬥中，不但以弱勝強履行了保衛祖國的神聖使命，還在世界海空戰史上留下了一系列令中國軍人無比自豪的紀錄。

▋海南上空的空戰

一九六四年八月，令世界為之震驚的「北部灣事件」（亦稱「東京灣事件」）爆發，越南戰爭開始升級。

美軍戰機在開始對越南北方進行狂轟濫炸的同時，對中國的海南島也不斷地進行空中偵察和襲擾活動。美機的活動採取了所謂「擦邊戰術」，就是沿中國領海線邊緣飛行，時出時進。當中國飛機升空趕到時，美機就向公海飛；當中國飛機離開後，美機又伺機返回。

中國政府絕對不能容忍任何一個國家的戰機在自己的領海上空任意進出，一場反擊勢將展開。

挑戰升空極限

一九六四年十一月，總參謀部的一份關於美機在中國海南島領空頻繁進行偵察的情報送到了毛澤東的案頭。毛澤東看完後，立即詢問相關人員：「十團現在在哪裡？」

被毛澤東青睞有加的海軍航空兵十團，是由參加過抗美援朝的志願軍空軍第四十九團回國後改編的。該團在朝鮮空戰中就擊落敵機十三架，擊傷敵機三架。在改編後歷次國土防空戰鬥中戰功卓著，曾創造過世界空戰史上首次進入同溫層作戰並打落高空偵察機的紀錄。要粉碎美軍的「擦邊戰術」，就必須抓住美機侵犯中國領空的瞬間將其擊落，而且美機殘骸必須落在中國領海線之內。考慮到美機性能遠遠優於中國戰機的因素，參戰的航空兵必須要有過硬的技術和無畏的勇氣。於是最高統帥親自點將十團

▲ 海軍航空兵殲擊六型飛機

轉場進駐海南島嚴陣以待。

美軍進行空中偵察的主力機種是 BQM-34A 型「火蜂」式無人高空偵察機。這種飛機體積小，重量輕，但速度很快，飛行高度可達二萬米，全靠無線電遙控式程序控制。它由運輸機帶到空中發射，完成任務後可以收回。

為了對付這種美國無人駕駛高空偵察機的挑釁，十團專門組織了一個尖刀分隊，在海口待機輪戰。尖刀分隊由大隊長張炳賢、副大隊長舒積成和中隊長王相一等組成，他們都是一群經驗豐富的飛行高手。他們通過仔細研究發現，美國無人駕駛機的特點是高度高，體積小。但它的一個致命弱點是按程序飛行，遇有情況不會隨機應變，而且沒有任何還擊能力。

但想打下它來，殲-6 戰機的飛行高度還不夠。美國無人駕駛機升限為一萬八千六百米至二萬米，而參戰部隊的殲-6 飛機實用升限只有一萬七千五百至一萬七千九百米，較大的負高度差，成為作戰的一大難題。

他們試著拆掉飛行員座椅的防彈鋼板，又拆掉一門機關炮，盡量減輕

飛機的重量，但試飛結果表明飛行高度還是不夠。能不能利用特殊的方法使殲-6 飛機在達到實用升限後繼續向上「躍升」？尖刀分隊飛行員產生了這樣一個想法。但這一想法實在是太過大膽了，因為飛機一進入極限高度上爬高，操縱稍不注意，飛機就有可能因得不到支持自身重量的最低速度而螺旋式下墜；高空空氣稀薄，升力小，開炮時強烈的後坐力又容易造成飛機墜毀。

通過幾次大膽的試飛，幾位飛行員發現如果掌握好飛機的拉起時機，就可以利用動力升限所獲得的極短暫的飛行高度，能使得殲-6 飛機躍上一點八萬多米的新高度。但新高度同時也帶來了新問題：在這個空氣稀薄的高度上，飛機操作很不穩定，瞄準射擊還有很大的困難。

「於是，我和同志們一起，不僅在空中反覆演練，而且回到宿舍還把飛機模型掛在床前的鐵絲上，苦心琢磨……」王相一這樣回憶道。

▲ 美國 BQM-34A 火蜂無人偵察機

一九六五年三月二十四日，美國無人駕駛偵察機出現了。王相一單機升空，檢驗新戰法的機會來臨了。

王相一距美機三十公里時，發現目標。他邊爬高邊修正航向，待美機距離三千八百米時，王相一立刻拉起躍升。當相距四百一十一米時，王相一按動炮鈕，雙炮齊發，打得美機左翼冒煙。

王相一緊追不放，再次開炮，美機直線向大海墜去。

尖刀分隊第一仗就勝利了。

三月三十一日，美機又來了。舒積成奉命首先單機起飛截擊，王相一隨後也起飛在一定高度待機。舒積成在三十公里處發現了美機，通過地面引導在極限高度上躍升接敵。為了確保命中，舒積成一直逼近到距美機一百一十米才按動炮鈕。美機開始墜落，一頭栽在海南島三亞以北地區。

八月二十一日，一架美國無人機先是佯裝飛往越南北部，然後突然右轉彎，向海南島竄來。舒積成立即升高到指定空域攔截美機。美機已經很近了，他立即拉起飛機，瞄準敵機，打出第一串砲彈，沒有命中；他瞬間又以近戰的戰法靠上去再打，只見美機身上升起一團火，在正前方劃著圈下墜。這時兩機相距只有五十八米了。

在不到半年時間內，十團先後擊落美國無人駕駛高空偵察機三架。一九六五年十二

▲ 戰鬥英雄舒積成

月，第十團被國防部授予了「海空雄鷹團」的光榮稱號。

八比零

美國用無人駕駛高空偵察機侵犯海南島的同時，還用各種有人駕駛的戰鬥機侵犯海南島上空。他們仍玩弄「擦邊戰術」，時而進入中國領空，時而又飛到公海上空。面對美機的挑釁，中國海軍航空兵機智應戰。

一九六五年四月九日，美國起飛了兩批八架 F-4B 型「鬼怪」式戰鬥機，第一批四架，向鶯歌海方向靠近。第二批四架，又侵入黃海、樂東等地區上空。F-4B 型「鬼怪」式戰鬥機是一種先進的戰鬥機，飛行速度快，帶有四枚「麻雀」導彈，可在任何氣象條件下發射。

指揮所命令海軍殲擊機升空，任務是「飛行巡邏，監視美機」，實際上就是要把美軍機群擠出領海線外，粉碎敵人的「擦邊戰術」。

海軍航空兵大隊長谷德合率領四架殲-5 飛機立即升空，占領陣位準備迎戰時，第一批美機四架已轉向飛到公海去。這時第二批美機四架又趁機侵入中國領空。

指揮所命令飛行編隊左轉追趕美機。

「後下方一千米發現美機！」四號機飛行員李大雲報告。

這時谷德合幾乎同時發現，四號機的左前方也有二架美機。李大

▲ 美國 F-4B 鬼怪式戰鬥機

雲沉著應戰，向左急轉彎，迫使後面的美機衝前，然後立即反扣，咬住一架美機，並逼近到二百米，請示攻擊。

大隊長谷德合以趕出美機為目的，下令李大雲不要攻擊。李大雲服從命令，放棄攻擊，左轉歸隊。與此同時，三號機中隊長魏守信也以大坡度急轉彎，擺脫二架咬尾的美機。中國海軍飛機編隊擺脫美機咬尾之後，向五指山上空靠攏。

美機以為中方編隊害怕了，不但轉向再次侵入中國領空，而且向中國飛機編隊越靠越近。

突然，中國四號機護尾器發出警報，李大雲回頭一看，二架美機已經咬住了他的機尾。李大雲立即向左急轉，迫使美軍三號機衝到自己前頭，

▲ 海軍航空兵飛行員在交流戰術動作

然後他來了個迅速反扣，咬住了美機，並一個勁地追趕瞄準。李大雲的勇猛果敢動作，使得美軍三號機連續左右機動，企圖下滑逃跑。李大雲猛追不放，位於李大雲後面的四號美機急忙前來營救，向李大雲連續發射二枚「麻雀」導彈。李大雲急轉避開，三號美機被「麻雀」導彈擊中。

大隊長谷德合發現美機公然向我發射導彈，又見美機群向我逼近，侵入了我領空，他立即下令：「向美機群衝去！」二架美機見勢不妙，慌亂中又發射四枚「麻雀」導彈。我機早有防備，迅速避開，脫離了導彈的攻擊範圍。

這四枚導彈，在離我機群二百至四百米處的空中先後爆炸。二架美機發射導彈後，分別向左、右轉彎。我三號、四號機迅速衝向正在左轉的一架美機。美機疾速下滑逃掉了。

此刻，指揮員考慮到氣象的變化，中國飛機油量也不多了，命令飛機編隊返航。這一戰，中國海軍航空兵一炮未發，不僅粉碎了美機的襲擾，還讓美機嘗到了自己導彈的滋味，在世界空戰史上留下了奇特的一頁。

自美機發射導彈主動攻擊後，毛澤東和周恩來指示：原來對美機不主動攻擊的規定已不適合當前的情況。從此，對美機入侵的政策，便由原來的不予攻擊，改為堅決打擊。

一九六七年六月，中國海軍航空兵在海南陵水上空擊落美國空軍F-4C型戰鬥機一架。

一九六八年二月，中國海軍航空兵在海南萬寧上空擊落、擊傷美國海軍 A-1H 型艦載攻擊機各一架。

自一九六五年至一九六八年，中國海軍航空兵在海南上空擊落和擊傷美國各種型號飛機共八架，己方無一損失。

▲ 參觀被擊落的美機殘骸

空中對手的重逢

在海南上空中美戰機的較量中，發生過一個充滿傳奇色彩的故事。它來自於戰爭，但又超越了戰爭。

一九六五年九月二十日上午十時許，駐海口機場的海軍航空兵第十團的大隊長高翔、副大隊長黃鳳生正在執勤待命，突然接到攔截從越南峴港起飛、向中國雷州半島飛來的美軍飛機的命令。高翔自信地對前來傳達敵情的軍官說：「照單全收，不打收條！」

十時五十八分，綠色的起飛信號騰空而起，殲-6 雙機起飛迎敵。

在地面指揮所的引導下，高翔、黃鳳生飛至待戰空域。此時，美機已侵入中國領海上空，正改變航向，做橫穿雷州半島的飛行。高翔、黃鳳生立即一百八十度轉彎，沖上去攔截美機。雙機編好隊形，丟掉副油箱，在一萬米的高度改平，依照指揮所的引導接近美機。

十一時三十一分，在距美機八公里的地方，高翔的眼前一亮：「左前方發現敵機。」指揮所立即命令：「敵機右轉，大膽切半徑，靠近打，狠狠打！」

指揮所的判斷和飛行員在空中的觀察完全一致，高翔毫不猶豫地切半徑撲了上去。這是個充滿風險的動作：美機的速度快，半徑大；我機的速度慢，半徑小。切多了，容易過頭，反會被美機「咬尾」；切少了，又可能被甩下來，坐失戰機。高翔憑著一身過硬的飛行技術，準確地占據了有利的攻擊位置，穩穩地用活動光環套住了對手。

此時，雙方相距一千二百米，高翔緊緊咬住美機。距離一點一點地接近，二百九十一米！高翔的砲彈終於出膛了，三串長長的火光撲向美機。高翔一直打到距美機僅三十九米！後來，人們將高翔的空戰動作稱作「空中拼刺刀」。

眼看著美機「轟」地空中開了花，高翔才拉桿脫離。這時，高翔覺得自己的飛機猛烈顫抖，右發動機也停了車。原來，由於攻擊距離太近，美機爆炸的碎片崩濺到了高翔的飛機上。順利返回機場後，高翔數了數，美機碎片在自己的飛機發動機、襟翼、機頭及機翼蒙皮上共留下了十三處創口。

美機墜落在海口東北的中國領海中。這種美國洛克希德飛機公司生產的 F-104C「星戰士」式飛機的飛行時速可達二千四百公里，高度二萬多

▲ 高翔（左）和黃鳳生

米，除航炮外，還可攜帶四枚空空導彈。它能遂行戰術轟炸和空中格鬥兩種任務，是六〇年代世界上最先進的戰鬥機之一。自被設計製造出來後，它還是第一次在空戰中被擊落。

高翔在這場空戰中，創造了足以載入世界空戰史的記錄：

——用國產第一代超音速殲-6飛機打掉了美國第二代超音速飛機；

——從距離二百九十一米處開炮直打到三十九米，這是自從進入噴氣式飛機時代後空戰短兵相接的最短距離。

美機飛行員菲利普・史密斯飛行經驗豐富，在飛機爆炸前的一瞬間跳了傘。滔滔海水「擁抱」了頭腦一片空白的史密斯上尉，苦鹹的海水讓史密斯回到了現實。此時，一隻竹筏、一根竹篙、一個黃皮膚黑眼睛的漁民模樣的中國老人出現在他的眼前。

史密斯的第一個反應就是向中國老人舉起了雙手，然後交出了手槍，並掏出了用十三種文字寫成的「救命符」——這是一塊三十釐米寬、五十釐米長的白綢子，是美國國防部

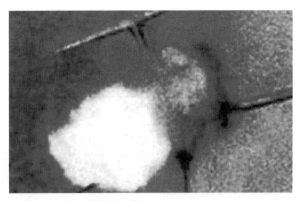

▲ F-104C 型戰鬥機爆炸瞬間

發給越戰中的美國軍人的。綢子上的文字意在請求給予美軍人員幫助，美國政府將予以回報。老人將史密斯打撈上來後，把他押送到了當地駐軍處。

「這樣近的距離開炮，太可怕了，太可怕了！」驚魂未定的史密斯對前來拍照的新華社記者說。

後來，史密斯在中國得到了十分人道的待遇。他不僅能享用合口味的西式飯菜，還能給家人寫信，參加體育活動，這使他感到有些意外。

還有更大的意外在等著史密斯。在一九七一年標誌著中美走向和解的基辛格第一次祕密訪華中，史密斯和其他幾個美軍戰俘的命運安排被列為中美雙方討論的議題之一。一九七三年初美國從越南撤軍後，中國政府立刻兌現承諾，釋放了史密斯。

一九八九年十月的一天，已經成為一名商人的史密斯來到中國旅遊。通過東道主的熱心安排，在上海的錦江飯店史密斯見到了當年的空戰對手高翔。當史密斯得知高翔喜歡集郵時，欣然在「美國海軍軍艦首次訪問上海紀念封」上題字留念。高翔也在他與史密斯的合影照片背面寫下這樣一

▲ 高翔與史密斯的重逢

段話:「昔日椰林空戰是對手,如今『錦江』握手是朋友。」

　　在一片輕鬆隨和的氣氛中,兩位昔日的空中對手從職業經歷到家庭生活閒聊了兩個多小時。在談話即將結束之時,史密斯突然問高翔,「您當初想到沒有,我們還會有重逢的一天?」高翔坦率地說沒有,史密斯接著感慨道,「這在一九六五年是絕對想不到的,但如今時代不同了。我再一次真誠祝願中美兩國及人民友好下去。」

▍西沙海戰

在距中國海南島東南一百八十多海里的海面上，有一片島嶼象朵朵星蓮、顆顆珍珠浮於萬頃碧波之中，這就是令人嚮往而又充滿神祕色彩的西沙群島。西沙群島由永樂群島和宣德群島組成，這片大大小小的珊瑚島嶼群漂浮在五十多萬平方公里的海域上。

據古籍記載，遠在秦漢時代，中國人就頻繁航行於南海之上，穿越南海諸島，最早發現了這些島嶼礁灘，並予以命名。中國古代政府對西沙群島的管理始於秦代（西元前 221-前 206 年）。唐代（西元 618-907 年）以後，越來越多的中國人在此航運或捕撈，中國歷代政府也隨之對這些群島進行了管理。十五世紀，明代（1368-1644 年）著名航海家鄭和率船隊七下西洋時，曾多次航經西沙群島和南沙群島，並在一些島嶼駐泊。永樂群島和宣德群島就是以當時明朝皇帝的年號命名的。

另據考古發現，在西沙群島的甘泉島有一處唐宋遺址，出土了一大批唐宋瓷器、鐵鍋殘片以及其他生產、生活用品。這表明，至少從唐宋時期開始，中國人就已經在西沙群島居住和生產。及至明清時代，中國人在各島嶼上留下了大量活動的遺跡：在西沙群島的各主要島嶼上先後發現了十四處中國漁民所建的古廟遺存，在一些島礁上還挖掘出多塊清代和民國時期的石碑。

一九四六年，後來擔任人民海軍東海艦隊副司令員的林遵率領四艘中國軍艦收復了曾被日本海軍占領的西沙群島和南沙群島，並在島上立碑宣示主權。

二十世紀七〇年代，中國政府對西沙群島擁有的無可辯駁的主權卻受到了赤裸裸的挑釁⋯⋯

軍情緊急

廣東省湛江市。一九七四年一月十五日下午。

南海艦隊司令部收到一份特級加急電報。譯電員迅速將電文譯出，值班參謀看完電文，立刻按響了通往指揮廳的報警器。很快，艦隊司令員張元培帶著參謀長等人匆匆趕到了。

電報是駐紮在西沙群島甘泉島上的民兵發來的，電文很簡短：「十五日十三時二十分，南越軍艦炮擊我豎在甘泉島上的中華人民共和國國旗，猖獗至極。」

上午司令部剛剛收到情報稱，南越「李常傑」號驅逐艦和「陳平重」號驅逐艦在西沙甘泉島附近海域對中國二艘漁輪進行了騷擾和威脅。短短幾個小時之內，南越海軍的挑釁再次升級！

南越當局對於中國領海和領土的襲擾已經不是一天兩天的事情了。此前，他們已偷偷換掉了中國在南沙一些島嶼上的主權碑，並派兵占領南沙的多個島嶼和西沙珊瑚島。結合近一個時期南越軍方將準備登島的部隊集結在峴港的動態，司令部人員在經過簡短的討論和分析之後，一致判斷南越當局有進一步侵占整個西沙群島的企圖。

美國從南越撤軍前把大量美軍裝備留給了南越總統阮文紹，算是盡到友邦最後一點責任。但軍事實力的增長無助於南越極端惡化的社會矛盾，北方越南共產黨軍隊的壓力一天天增強，阮文紹如何來挽回危局呢？他的選項是南沙和西沙。他的選擇似乎很有道理，南沙距中國海南島五百五十

▲ 南海艦隊作戰部隊在制定作戰方案

餘海里，是當時中國海軍鞭長莫及之地。西沙距中國大陸雖近，但當時南越海軍連續接收美軍十餘艘戰鬥艦艇，裝備水平大為提升，逐漸有恃無恐了。

有關南越軍隊進行軍事挑釁的報告立即呈送到了中國最高決策層。國務院總理周恩來與軍委副主席葉劍英研究對策，在報經毛澤東主席同意後，決定採取加強巡邏和相應的軍事措施，保衛西沙群島。這是毛澤東一生中決策的最後一次軍事行動。

很快南海艦隊收到了指示：「一定要維護我國領土主權和尊嚴，對於西貢當局的挑釁活動必須進行堅決鬥爭。」但指示中也特別強調了一點：「在鬥爭中，堅持說理鬥爭原則。我艦艇部隊在任何情況下均不先打第一

炮，如入侵者向我攻擊，我應堅決還擊。」

張元培立即下達命令：調榆林基地副司令員魏鳴森率二七一、二七四號獵潛艇火速去西沙海域執行任務！

這將是一個無比艱巨的任務。南海位於中國的最南端，由於各種歷史原因，南海艦隊的裝備在當時中國的三大艦隊中是最差的。當時北海艦隊擁有從蘇聯買來的全部四艘「鞍山」級驅逐艦；東海艦隊有一批從國民黨海軍那裡接收的和由商船改造的護衛艦和較多的國產魚雷艇、護衛艇；而南海艦隊只有幾艘陳舊的護衛艦和一些護衛艇，而且噸位很小。

榆林基地雖然擁有全艦隊最有戰鬥力的護衛艦大隊，但四條護衛艦不約而同地都在大修或者發生故障。其餘護衛艇、魚雷艇噸位太小，航程有限，難以出遠海作戰。這樣一來，魏鳴森手裡只剩下六艘六六〇四型獵潛艇了。海軍官兵們選出艦況較好的二艘，再把各艇狀態最好的設備移裝在上面，拼出了二七一號和二七四號。作為一艘獵潛艇，六六〇四型艇的火力還算較強。但由於生產年代早，自動化程度低，開炮時，炮組幾乎全員都在甲板作業，易受敵軍艦炮火傷害。該艇名為獵潛，但在實際使用中，更多地是在執行低烈度的日常巡邏、護漁等任務，不屬於一線戰鬥艦艇。

然而此時情況急迫，已經別無選項了。

嚴陣以待

一月十七日上午，南海艦隊二七一、二七四號獵潛艇在魏鳴森率領下到達西沙的永樂島。幾乎與此同時，南越增派「陳慶瑜」號驅逐艦，開始輸送士兵侵占中國的甘泉、金銀兩島。該艦係南越海軍主力，原美海軍「薩維奇」級護航驅逐艦，排水量一五九〇噸。

▲ 參加西沙海戰的中國海軍二七四獵潛艇

　　十七日十六時，南越「李常傑」號和「陳慶瑜」號驅逐艦在西沙海域再次對中國作業漁輪進行挑釁，中國海軍二七一編隊及時趕赴現場，對其發出嚴正警告，南越軍艦才調頭離去。

　　十八日清晨，南越軍艦「陳慶瑜」號和「李常傑」號又一前一後高速駛來永樂島海域，對正在捕魚的四〇七號漁輪進行挑釁，他們撞壞漁輪，並用鐵錨鉤住中國漁輪駕駛臺鐵窗。中國海軍編隊趕到後，南越軍艦才不得不放過漁輪。

　　十六時十分，南越海軍又派「陳平重」號驅逐艦和「怒濤」號護衛艦至永樂島海域，和「陳慶瑜」號驅逐艦一同成楔形隊形從珊瑚島附近駛出，向中國海軍二七一編隊錨地位置逼近。情況緊急，中國海軍二七一編隊立即報告指揮所，指揮所及時給前線指揮員發出指示，要他們做好戰鬥準備。中國海軍二七一編隊立即起錨，炮口到位，全速迎著越南軍艦前進。南越軍艦見勢不妙，只好溜到珊瑚島後面去了。

　　西沙南越軍艦不斷增加，中國海軍二艘獵潛艇面對四艘噸位超過自己二十倍的南越大艦，處於極其不利的態勢。張元培在與司令部其他人員商

議後認為必須為西沙增派力量，於是立刻調二八一、二八二號獵潛艇迅速趕往永興島待命。同時命三九六、三八九號掃雷艦火速向西沙海域靠近，以應付永樂島海域的突發事件！

入夜，西沙海域的情況看似平靜了許多。

十九日五時四十七分，南越海軍「陳慶瑜」、「陳平重」號驅逐艦，從羚羊礁以南的外海出現，向琛航、廣金兩島駛來。接著南越海軍「李常傑」號驅逐艦和「怒濤」號護衛艦，也從廣金島以北海面出現，向中國海軍艦艇拋錨處接近。

「陳慶瑜」號、「陳平重」號軍艦在離琛航島五百米處停泊後，幾十名荷槍實彈、頭戴潛水鏡的南越士兵，爬上橡皮艇，偷偷向琛航和廣金兩島划來。

張元培即刻下令三九六、三八九號掃雷艦編隊進至廣金島西北海面，攔截「李常傑」號和「怒濤」號艦；命令二七一、二七四號獵潛艇編隊進至廣金島東南海面，監視「陳慶瑜」號、「陳平重」號二艘南越軍艦。

在完成一系列部署後，張元培在作戰室裡看著敵我態勢圖，神情凝重地說道：看來新中國人民海軍第一次對外作戰的時候到了！

大獲全勝的反擊

數十名南越軍人開始搶灘登陸。首先登上廣金島的南越士兵見島上有人，便首先向中國軍民開槍射擊。早有準備的中國守島軍民奮起自衛還擊，給予入侵者以迎頭痛擊，迫使他們撤回艦上。

上島登陸失敗，「艦堅炮大」的南越海軍一點兒也沒把中國海軍艦艇放在眼裡。因為此時，戰場的形勢是敵強我弱。裝備上，南越海軍三艘驅

逐艦和一艘護衛艦，標準排水量大的一千七百六十六噸，小的也有六百五十噸，總噸位近六千多噸，艦上裝有各種口徑的火炮三十多門。而中國海軍艦艇編隊，大的掃雷艦標準排水量是五百七十噸，獵潛艇才三百零一噸，總噸位僅一千七百四十餘噸，艦艇上的火炮總共只有十四門。

「李常傑」號首先開足馬力，昂著炮口，徑直向中國海軍三九六編隊衝來。三九六號艦和「李常傑」號發生撞擊後，指揮臺柱、左舷欄杆及掃雷器遭損嚴重。情況危急之時，三九六號艦接到指示要求保持克制，在任何情況下決不先開第一炮。

十時二十三分，南越「陳平重」號驅逐艦高速衝向二七四號獵潛艇，對二七四號艇駕駛臺首先開炮。也就在同時，中國艦艇部隊進行了英勇還擊。此刻的海面上炮火連天，雙方戰艦對打成一片。

為發揮小艇的機動優勢，中國艦艇編隊採用近戰手段與南越軍艦廝殺。中國海軍二七一、二七四號艇分別攻擊「陳慶瑜」號和「陳平重」號；三九六、三八九號艦則攻擊「李常傑」號和「怒濤」號軍艦。面對這種態勢，南越軍艦試圖與中國艦艇拉開距離，以發揮其遠程火炮的威力。但中國海軍艦艇緊緊咬住南越軍艦不放，開足馬力，窮追不捨，不一會兒中國軍艦艇便與南越軍艦「線連線」了。中國艦艇射速極快的小口徑火炮，一陣齊射。據一等功榮立者、二七

▲ 南越「陳平重」號驅逐艦

▲ 受傷後搶灘的三八九艦

四號艇裝填手李如意後來回憶：戰鬥中他一口氣接連裝填一百八十發，超過平時訓練的最高記錄，雙手磨爛了都不知道，後來發現他裝填的彈殼上每顆都有血跡。

二七一號艇利用「陳慶瑜」號軍艦火力死角，集中攻擊其駕駛臺，造成敵艦通訊中斷，軍旗也落入海中，迫使其拖著濃煙外逃。

中國海軍三九六、三八九號艦貼近「李常傑」號進行集中近射，南越軍艦頻頻爆炸，甲板上多處起火。就在這時，南越海軍「怒濤」號趁機向中國三八九號艦偷襲。緊急時刻，中國海軍二八一編隊兩艘獵潛艇抵達「怒濤」號右舷後，一陣急射，「怒濤」號中彈起火。

為不使受創的「怒濤」號逃逸，中國海軍二八一艇窮追不捨，當在離「怒濤」號艦僅十米遠時，戰士們衝出艦艙，端起機槍和衝鋒槍對準南越軍艦猛掃，同時投去一連串手榴彈……

南越軍艦從未見過這種陣勢，倉皇逃跑。但「怒濤」號傷勢嚴重，被

甩在後面。中國海軍二八一艇全速出擊，以「貼身」戰術集中火力齊射，致使「怒濤」號再次起火爆炸，於十四時五十二分，在東經 111°35´48˝，北緯 16°25´06˝ 位置（羚羊礁以南海域）沉沒。

▲ 炮手們正在裝填彈藥

在千里之外的南海艦隊作戰室，一向沉穩寡言的張元培突然做出一個讓現場所有人都感到意外的舉動。他高聲下令，讓作戰參謀把南越軍艦「怒濤」號的沉沒點永遠標註在版圖上。「讓它告訴全世界，中國的領海、領空和領土都是神聖不可侵犯的，誰侵犯了，這便是下場！」

意氣風發的張元培同時下令，艦艇部隊全線出擊，全殲在逃之敵。但在追擊過程中，軍委通過廣州軍區下達命令，「撤回追擊，回西沙待命。」這是中國政府為不使戰爭擴大化而單方面採取的克制行動。艦艇部隊很快返回了。

南越海軍雖然潰敗，但侵入中國西沙珊瑚、甘泉、金銀三島的南越守軍並未撤退。一月二十日九時，中國軍隊發起收復三島的登陸戰。失去海軍支援的島上南越軍隊，實際上已成為甕中之鱉。僅經過十分鐘戰鬥，甘泉島上的南越士兵便紛紛繳械投降。珊瑚島上的南越士兵在中國軍隊發起

衝擊前還負隅頑抗，待中國軍隊強占灘頭後，南越守軍便放棄抵抗，有的四處逃竄，有的舉手投降。金銀島的南越軍隊見其他兩島已被收復後，不攻自破，棄島而逃。

五星紅旗再次飄揚在珊瑚、甘泉、金銀三島之上。

西沙海戰，是中國海軍首次遠離大陸海岸的作戰。在中國軍民保衛西沙群島的海戰中，裝備處於劣勢的中國海軍官兵戰鬥英勇，戰術運用成功，擊沉南越海軍護衛艦一艘，擊傷驅逐艦三艘，並收復甘泉島、珊瑚島及金銀島。這是一場維護中國領土和領海主權的正義鬥爭，也是一九四九年後中國海軍艦艇第一次同外國海軍作戰。這場海戰的規模雖然不大，但影響深遠，永垂史冊。

二〇一二年六月二十一日，中國政府宣佈成立三沙市，市政府駐永興島，轄區包括西沙群島、南沙群島、中沙群島。

▲ 五星紅旗飄揚在收復後的珊瑚島上

第四章

從黃水駛向藍水

一九七六年的最後一天，一艘中國海軍潛艇出現在太平洋面上。一群年輕的水兵衝到甲板上，向著遼闊的大洋大聲歡呼：「太平洋，我們來了！」

為了這激動人心的時刻，中國海軍歷經了近三十年的航程！到真正的大洋上去遠航，這是中國海軍幾代人的夢想。人民海軍初建時，因裝備落後，只能在近岸海域巡邏。經過幾十年的執著努力，克服了無數的困難，人民海軍的航跡才逐步從黃色的近岸海區駛向蔚藍的深海遠洋。

▌「萬國艦船博覽會」

人民海軍創建之初，武器裝備的來源主要是繳獲和接收國民黨海軍的各種破舊艦艇和裝備。國民黨海軍及其他軍政部門起義、投誠、被俘、遺棄的艦船，共有一百八十三艘、四三二六八噸。

沿海各省市陸續解放後，人民海軍又接收、徵用了地方有關單位的一部分商船、漁船。海軍在全國共接收中小船一百六十九艘、六四八六五噸。

另外，海軍還在長江中下游打撈了沉船六艘，共一七一五噸；在香港購買了舊船四十八艘，共二五四七〇噸。

人民海軍雖然有了一定數量的船，但這些艦船性能落後、破舊不堪。

▲ 海軍官兵齊心協力，將艦拉上岸進行搶修

其中有清朝末年購自日本的「楚同」號砲艦，艦齡已超過四十年；有清末開始在江南造船所建造、民國初年下水的「永績」號砲艦；還有來自美、英、日、法、德、加、荷、澳等國的第二次世界大戰之前和大戰中下水的艦艇。這些艦船型號繁雜，主輔機機型多達三五五種，許多艦艇的機器磨損嚴重、配件短缺；艦炮分別產自美、蘇、英、日、法等國達三十多種；許多艦船在此前已被改作民用，原有艦炮早已拆除；各種儀器和設備更是缺乏，被人戲稱為「萬國艦船博覽會」。

即便如此有限的艦船也不能都保住。當時國民黨軍為了阻撓人民海軍建設，連續出動飛機狂轟濫炸。「重慶」號巡洋艦起義後，遭到國民黨空軍重型轟炸機的轟炸。在對空作戰中，全艦有二十二人負傷、六人犧牲，艦身多處中彈受傷，不得不自沉於葫蘆島碼頭。在廠修理和停泊的艦艇更是國民黨空軍轟炸的重要目標。其中一九五〇年一月二十五日對上海江南造船廠的轟炸，就有二十六艘艦船被炸傷或炸燬。

如此微薄的「家底」不要說躋身世界海軍行列，連防禦漫長的海岸線都很吃力。但是，中國海軍就是從這幾乎一無所有的基點出發，一步一步往前走的。

人民海軍的創業路

　　從上世紀五〇年代起，人民海軍走上一條艱辛的創業之路，在冷戰格局和國內科技和經濟落後的情況下，武器裝備的發展異常困難。中國海軍從引進入手，更致力於自主研製，兩者結合，走出了一條有著中國特色的發展之路。

修理舊艦

　　雖然是「萬國艦船博覽會」，但中國海軍十分珍視這些「財富」。人民海軍創立之初，首先對大批舊損艦船進行修復，對一些客輪、貨船、漁船進行改裝。海軍發動造船廠的工人和工程師，在十分艱苦的條件下，冒著國民黨空軍飛機隨時可能來襲的危險，搶修、改裝了一批艦船。自一九四九年九月至一九五〇年五月，共搶修、改裝艦艇一百三十餘艘次，保障了部隊作戰、訓練的需要。

　　除船廠修理之外，華東軍區海軍還組織了流動修理。舟山解放後，戰線逐漸南移，幾十名技術工人和軍人乘著一艘裝有車床、鑽床、電焊設備的小型登陸艇，攜帶少量零配件，在舟山海域四處巡邏、游弋，遇到有問題的艦船，就馬上停下來修理。雖然不少艦船傷痕累累或者「年老力弱」，但還是保持了較高的在航率。

　　那些徵用、調撥、購買來的船隻，不是專門的艦艇，有些只是漁船，要改裝成作戰艦艇，就必須安裝各種口徑的火炮及其他相關設備。當時，在裝火炮時遇到的一個突出問題是炮座平面很難達到水平標準，以致射擊

▲ 鄧兆祥艦長在大連造船廠指揮艦員修艦

的準確度受到很大影響。為此，上海修船廠試製出一種鏜排工具，以電動機裝上特製的鋼架刀具進行平面切削。雖然進度不快，但很有效。中國人的吃苦耐勞和聰明才智總是在最艱難的時候發揮作用。一九五〇年，在華東軍區海軍的一百二十三艘艦艇上，共安裝機槍、艦炮達七百九十九門（挺）。把漁船變成艦艇，這就是中國海軍最早的「創業記」。

外購引進

　　改造、修補畢竟不是長久之計。建設海軍，需要驅逐艦、護衛艦、潛艇、掃雷艦、獵潛艇、登陸艦、護衛艇、魚雷艇等戰鬥艦艇，還有潛艇母艦、訓練艦、修理艦、測量船、航標工作船、防險救生船、補給船等輔助船隻；武器裝備及機械設備的種類和型號也繁雜多樣，僅僅靠修復舊艦艇，改裝商船、漁船，是不能滿足要求的。而要自行研製生產，當時的中國國力衰弱，科技水平落後，人才奇缺，不可能在短期內改觀。因此，從

境外引進就成了海軍初創時期武器裝備的另一個主要來源。

　　一九五〇年初的情形還不算太壞，海軍既可通過香港向西方一些國家購買艦艇、設備及材料，也可向蘇聯購買。但到了一九五〇年下半年，由於朝鮮戰爭爆發，西方國家開始對中國實行封鎖禁運，形勢一下子就嚴峻了。這年三月已在香港訂購的護衛艦四艘、掃雷艦四艘，後來因英國政府禁令而未能成交。一九五一年初，港商有鐵殼掃雷艇三艘、護衛艦四艘準備出售，但無法駛入內地。

　　剩下的唯一渠道是蘇聯。從一九五三年到一九五五年間，海軍向蘇聯購買了一批武器裝備，主要有戰鬥艦艇（包括成品和半成品）、輔助船隻、各型飛機、海軍專用火炮、水中兵器、彈藥和專用車輛、設備配件等。引進的艦艇新舊都有，但舊的居多。四艘驅逐艦分別於一九三七至一

▲ 中國向蘇聯購買四艘驅逐艦中的首艦到達青島

九四一年間下水，來中國之前經過改裝修理。一九五四年在旅順接收的二艘 C 型潛艇是一九四三年造的，接收時服役已滿十年。其他 C 型潛艇則是一九四八年下水的。部分魚雷艇是第二次世界大戰期間建造的。

雖然引進的裝備不如人意，但畢竟比之前的破舊艦艇和武裝漁船要專業多了。依靠引進武器裝備，人民海軍相繼組建了驅逐艦、潛艇、獵潛艇、魚雷艇、掃雷艇和航空兵部隊，完成了解放初期突破國民黨軍海上封鎖、解放沿海諸島嶼的任務。

組裝試製

一九五二年，中國與蘇聯開始商談購入戰鬥艦艇的成套材料、設備的半成品和技術資料，由中國造船廠自行裝配製造。從一九五三年開始，中國向蘇聯購買了護衛艦、潛艇、掃雷艦、大型獵潛艇、魚雷艇等五種型號艦艇的技術圖紙和一批材料、設備。海軍選定了江南造船廠、滬東造船廠、求新造船廠、蕪湖造船廠和武昌造船廠等五個有一定修造船基礎的工廠，對這些工廠進行擴建和技術改造，同時確定在廣州新建造船廠，以承擔轉讓製造任務。從一九五四年下半年起，五種艦艇的材料、設備份批分期發運到各工廠，開始了裝配製造工作。

這樣成批地裝配製造各種戰鬥艦艇，在中國造船工業史上是空前的。蕪湖造船廠從一九五五年二月到一九五九年製造了五十一艘魚雷艇。在第一批二十餘艘魚雷艇進口材料、設備製造完工以後，開始試用國產材料製造。經過工廠工程技術人員和駐廠軍事代表研究、反覆實驗，終於解決了一個個難題，保證了魚雷艇的質量。一九五八年初，用國產木材製造的第一艘魚雷艇進行測試，各項性能都達到了要求。

這批「轉讓製造」的五型艦艇共計一百一十六艘、四點三萬餘噸。這些艦艇的戰鬥性能相當於國際上四〇年代末、五〇年代初的水平，對當時的中國海軍來說是相當先進的裝備了。

　　雖然有國外的材料和圖紙，但對當時中國的生產能力和技術水平來說，仿製都是難事，更何況還要根據自身的情況進行改進。比如在建造掃雷艦艇時，就遇到過諸多的困難。一九五八年之前，中國曾從蘇聯引進了兩批各二艘六六一〇型掃雷艦的套件和技術資料，其中有二艘用於試造水聲研究艦，任務落在當時的廣州海軍第二〇一工廠（現為廣州黃埔造船廠）。這個造船廠的設備相當簡陋，建造過的最大船隻僅為一艘三百二十噸的吊桿船。

　　當時廠裡只有一部十五噸履帶吊車，而且因為船臺位置的關係，只能行駛在建造中船隻的右側。起吊工人發揮想像力，用土吊桿配合吊車，硬是提前完成了主機和輔機的吊裝任務。

　　這二艘掃雷艦經過改造後，於一九六〇年六月正式服役。

　　這樣的故事在人

▲ 一九五八年九月二十日，毛主席乘坐國產的魚雷艇在長江航行。

民海軍初期的發展歷史上數不勝數。靠著科學，更靠著一種自立自強的精神，中國人儘可能地追趕世界的步伐。他們在此過程中顯現出來的團結、堅韌和智慧的精神，是中國海軍十分珍視、保留至今的傳統。

仿製改進

一九五〇年代末，人民海軍武器裝備發展主要由轉讓製造轉為仿製改進武器、設備，並利用當時十分薄弱的造船工業技術基礎，先後自行設計和建造了巡邏艇、機帆船、登陸艇及運水船等。

中國自行研製的高速巡邏艇、獵潛艇、護衛艦等小型艦艇陸續裝備海軍，海軍航空兵部隊開始裝備國產殲-5、殲-6型殲擊機和轟-5型轟炸機，岸防兵部隊的海岸炮、高射炮等裝備也有了較大的發展，確保了打擊國民黨軍隊對大陸沿海地區的竄犯襲擾和保衛海上安全作戰任務的完成，使海軍取得了「八六」、崇武以東等海戰的重大勝利。

一九五九年二月四日，中國與蘇聯簽訂協定，購買常規導彈潛艇、中型潛艇、魚雷艇、水翼魚雷艇和潛對地彈道導彈、艦艦巡航式導彈等武器設備的設計製造技術以及五十一項圖紙資料及其製造特許權。其中，〇三三型潛艇是蘇聯二十世紀五〇年代中期設計的一型先進的常規動力潛艇，對其仿製改進是人民海軍裝備發展過程中一次大規模的裝備技術引進，在短時期內迅速提高了海軍裝備的技術水平。

自行研製

新中國建立後，自力更生成了基本國策。任何點滴的進展，都需要付出巨大的努力。對海軍來說，更是難上加難。在上個世紀五六十年代，新

▲ 一九五七年二月十二日，中國自行製造的第一艘潛艇在試航。

中國的經濟實力很難大力支持軍隊的裝備升級，購買不僅沒有渠道，即使有渠道，也沒支付能力。仿製改進雖然能應付一時，但不是長遠和根本的方略。自行研製就成了唯一可以選擇的道路，但是這條路並不好走。

在歷史上，國民黨海軍是靠購買或接收西方二手艦和過時船構建的。中國長期以來既無科研力量，也無配套工業，連造船鋼板也做不出來。

一九六五年，人民海軍提出製造水平比較先進的中型水面艦艇、中型潛艇以及核潛艇的目標，標誌著人民海軍裝備從購買和仿製為主逐步向國產第一代裝備轉變、艦艇從小型逐步向中型轉變、水面艦艇對海武器逐步由火炮嚮導彈轉變。

一九七〇年代，海軍先後研製完成並裝備了常規潛艇、攻擊型核潛艇、戰略核潛艇、驅逐艦、護衛艦、獵潛艇、艦艦導彈、魚雷以及岸艦導彈等，海軍航空兵裝備了與空軍通用的飛機，排水量萬噸以上的遠洋測量船和打撈救生船、援救拖船、綜合補給船、布掃雷艦船以及用於海上援救、工程、偵察、運輸、維修、醫療的各種海上勤務船隻相繼服役，海軍

▲ 中國設計製造的第一批五三甲型護衛艇

裝備的總體技術水平達到國外二十世紀六〇年代的先進水平。使用這些裝備，人民海軍取得了一九七四年收復西沙群島海戰的勝利，後又完成了遠赴南太平洋護航、警戒等任務。

　　一九八〇年代，海軍裝備了以新型導彈驅逐艦、常規動力潛艇、殲擊轟炸機和反潛直升機為代表的高性能武器裝備，利用新技術改進研製了一批新型武器裝備，陸戰隊和岸防兵部隊裝備也有了較大發展，初步形成了以近海作戰為主、戰役戰術配套、現代化水平較高的海上機動作戰、基地防禦作戰和海基自衛核反擊作戰的裝備體系。在此期間，還於一九八二年實現潛艇首次水下發射運載火箭成功，使海軍裝備的總體技術水平達到了國外七〇年代初的先進水平。國產海軍裝備戰術、技術性能明顯提高，實現了通用化、系列化和模塊化，主要水面作戰艦艇實現了導彈化、指揮控制一體化、作戰區域立體化。

▲ 機動式岸對艦「海鷹」導彈

　　一九九○年代以來，中國自行研製的新一代常規動力潛艇浮出水面，第二代國產導彈驅逐艦出訪美洲四國；「飛豹」系列殲擊轟炸機裝備海軍航空兵部隊；萬噸級綜合補給艦游弋大洋；一批新型導彈和電子戰系統成為一線部隊的主戰裝備。

　　進入新世紀，海軍信息化裝備建設實現了跨越式發展。一批具有較高信息化水平的第三代導彈驅逐艦、護衛艦、潛艇、作戰飛機陸續交付使用，與其相配套的一系列新型裝備在實兵演練中發揮效能；指揮自動化系統、衛星導航、戰術軟件等逐步在各型戰艦、潛艇和飛機上得到應用。

　　同時，從上世紀九○年代至本世紀初，海軍引進國外先進技術裝備，一批新型驅逐艦、潛艇、飛機陸續入列，加快了海軍武器裝備的建設發展步伐。經過六十多年的建設與發展，海軍五大兵種完成了由半機械化向機械化的轉變，正逐步向信息化轉型。

造就英才

一九四九年五月初，國民黨海軍「重慶」號巡洋艦（軍艦被國民黨空軍飛機炸傷後自沉於葫蘆島）起義官兵五百五十五人抵達安東（今遼寧丹東）。隨後，起義的國民黨海軍「靈甫」號驅逐艦（該艦被英國收回，後轉售給埃及）官兵七十四人也從香港陸續來到安東。中央軍委決定以這些人員為主，成立安東海軍學校。

這是人民海軍歷史上第一所學校。副校長張學思是軍閥張作霖的兒子、國民黨軍著名將領張學良的弟弟，十七歲時祕密加入中國共產黨，二十四歲成為中共抗日前線的指揮員。政治委員朱軍早在北伐戰爭時就參加革命，也有著頗為傳奇的經歷。而擔任校長的是起義不久的國民黨海軍「重慶」號艦長鄧兆祥。鄧兆祥是英國格林尼治皇家海軍學院的優秀畢業生，後來曾任人民海軍副司令員、全國政協副主席。他在中國海軍服役七十餘年，親歷了北洋政府、國民政府和新中國三代海軍的建設歷程，是中國海軍軍齡最長的將領。選擇他來當第一所海軍學校的校長，是再恰當不過的。除了鄧兆祥，還有一批前國民黨海軍名將也參與辦學，可見當時海軍對人才的渴望和重視。而「建軍先建校」正是人民海軍建設的基本方針之一。

張學思在領受安東海軍學校副校長的同時，還得到一項指令：負責另行籌建一所正規的海軍學校。一九四九年八月，中央軍委派張學思赴蘇聯考察，並授權他與蘇方商談聘請顧問幫助中國創辦海軍學校。張學思在莫斯科、列寧格勒等地參觀了幾所海軍學校，與蘇方達成有關協議。

一九四九年十一月，以安東海校為基礎，在大連創辦了海軍學校。這

▲ 大連海軍學校的女學員

是人民海軍第一所培養水面艦艇初級軍官的學校。

一九四九年八月，華東軍區海軍在南京創辦了華東軍區海軍學校，其任務是對原國民黨海軍人員進行思想政治理論教育，對從陸軍調來的人員和新參軍的青年知識分子進行短期海軍技術培訓；後在南京和青島等地又陸續籌建了幾所學校。以上各所海軍學校學員畢業後即充實到人民海軍各部隊，形成人民海軍初期的戰鬥力。

到一九五七年八月，海軍已擁有指揮學校、機械學校、潛艇學校、快艇學校、砲兵學校、第一航空學校、第二航空學校、聯合學校、政治幹部學校和後勤學校等十所學校及六所預備學校，另有軍事學院海軍系和軍事工程學院海軍工程系，為培養海軍人才打下了堅實的根基。

經過六十多年的重組和發展，人民海軍建立和完善了以任職教育為主體、軍事高等學歷教育和任職教育相對分離的新型院校體系。同時，按照

▲ 一九五三年二月毛主席在「長江」艦上與官兵親切交談

規模化、集約化辦學的要求，優化了院校結構，提高了培訓效率。

人民海軍現有八所院校，即：海軍指揮學院、海軍工程大學、海軍航空工程學院、海軍大連艦艇學院、海軍潛艇學院、海軍陸戰學院、海軍航空兵學院、海軍士官學校。這些院校是海軍各類人才最集中的地方，每年為海軍培育大批作戰指揮和工程技術兩大類別、不同層次的軍官、士官和科技人員，同時也是海軍軍事和科學技術研究的重要基地。

▌駛向遠洋

長期以來，由於艦船裝備和各種技術水平落後，中國海軍艦艇只能在近岸海域航行。因為那裡的海水是黃色的，所以被一些人譏為「黃水艦隊」。駛向遠洋成為老一代中國海軍軍人夢寐以求的願望。

這一天終於來到了。一九七六年十二月三十一日是中國海軍歷史上值得紀念的日子——中國海軍二五二號潛艇駛入西太平洋。這是中國人民解放軍海軍艦艇首次出現在太平洋上。艇長宣佈這個消息後，艇艙內立即歡騰起來。等潛艇浮上水面充電時，聲納業務長高興地脫下腳上的鞋，揚手將鞋扔入大洋，放開喉嚨喊道：「給太平洋留下永久的紀念吧！」其他未在執勤的水兵也登上甲板，對著浩瀚的太平洋面放聲高呼：太平洋，你好！太平洋，我們來了！太平洋，我們看你來了！

二五二號潛艇在太平洋航行了三十個晝夜，戰勝了十級風浪，航程達三千三百多海里。這次遠航成功，鍛鍊了官兵的航海技能，檢驗了國產潛艇的性能，為中國海軍艦艇開拓了新的航路，是中國海軍遠航史上的里程碑。

一九七九年鄧小

▲ 一九五七年八月周恩來總理在肖勁光的陪同下檢閱海軍

平登上海軍「濟南」艦，感慨地說：「大海不是護城河，海軍不是守城兵，建設和發展中國海軍必須面向世界，走向大洋！」

一九八〇年四月初，中國海軍二五六號潛艇繼續向前，游弋在遼闊的太平洋，書寫了中國海軍艦艇遠航的新紀錄。

一九八〇年四月至六月，中國海軍的六艘驅逐艦、二艘補給船、二艘遠洋打撈救生船、二艘遠洋調查船、三艘遠洋拖船及國防科委二艘主測船、交通部一艘拖船，共十八艘艦船及四架直升機組成特混編隊，首次跨越赤道，遠赴南太平洋執行遠程運載火箭試驗海上保障任務，往返航行八千多海里，途中不停靠碼頭。這是中國海軍艦船編隊大規模遠航的空前壯舉。

從一九八五年起，中國海軍艦艇編隊駛向世界各大洲的許多國家進行友好訪問，並同許多國家的海軍艦艇聯合進行海上軍事演習。二〇〇二年，中國海軍編隊第一次進行了環球航行。

二〇〇八年十二月起，中國海軍艦艇編隊遠赴索馬里、亞丁灣海域，為中外商船護航。

歷經幾十年的艱苦建設，中國海軍終於能自由地游弋在廣闊的海洋上，在保衛祖國安全的前提下，強大起來的中國海軍開始更多地承擔國際義務與和平使命。

▲ 一九七九年八月二日鄧小平副主席乘坐一〇五艦出海視察

第五章

人民海軍的構成

中國人民解放軍海軍的各級指揮機關基本上都是由人民解放軍陸軍部隊的一些指揮機關改編而成的，既保留了人民解放軍的優良傳統，同時又具有海軍的專業技術特點。

人民海軍的指揮機關

　　人民海軍的領導機關於一九五〇年四月十四日正式成立，它是由人民解放軍陸軍第十二兵團機關及直屬隊等部改編而成。海軍領導機關現由海軍司令部、海軍政治部、海軍後勤部、海軍裝備部組成，位於北京。

　　海軍司令部主要負責海軍的作戰指揮、訓練、通信及軍務等工作。

　　海軍政治部主要負責海軍的宣傳教育、法制紀律、幹部管理及群眾工作等。

　　海軍後勤部主要負責海軍物資補給、醫療衛生、財務、軍港和營房管理等工作。

　　海軍裝備部主要負責海軍各種艦船、飛機及武器裝備的研發和製造、修理工作。

　　人民海軍下轄北海、東海和南海三支艦隊，並且直轄海軍各所院校、科學研究機構、試驗基地及一些直屬部隊等。

▌人民海軍的三大艦隊

北海艦隊

北海艦隊機關位於山東省青島市，艦隊防區是渤海和黃海。北海艦隊轄有：航空兵部隊，數個基地和水警區、驅逐艦、登陸艦、掃雷艦、護衛艦（艇）、潛艇、獵潛艇、導彈艇及支援艦支隊或大隊，訓練基地。

一九五〇年九月，人民解放軍陸軍第十一軍軍部及直屬隊奉命調至青島，改編成立海軍青島基地，歸軍委海軍直接領導。一九五五年四月，蘇聯軍隊撤出旅順軍港後，根據中央軍委命令，鐵道公安司令部等部改編為軍委海軍直接領導的旅順基地，前往接收旅順軍港防務及設施。

一九六〇年八月，以海軍青島基地為主，成立海軍北海艦隊。海軍旅順基地等部編入北海艦隊。

▲ 參加人民海軍成立六十週年閱兵式的北海艦隊編隊

▲ 東海艦隊驅逐艦編隊

東海艦隊

東海艦隊機關位於浙江省寧波市，艦隊防區主要為東海。東海艦隊轄有：航空兵部隊，數個基地和水警區，驅逐艦、潛艇、護衛艦（艇）、登陸艦、掃雷艦、獵潛艇、導彈艇及支援艦支隊或大隊，訓練基地。

東海艦隊的前身是華東軍區海軍，是創建最早的人民海軍部隊，於一九四九年四月二十三日成立於江蘇泰州白馬廟，最初是由人民解放軍陸軍第三野戰軍教導師師部等部改編組成。

一九五五年十月，華東軍區海軍改編為海軍東海艦隊。華東軍區海軍及後來東海艦隊的指揮機關曾先後駐南京、上海等地。

南海艦隊

南海艦隊機關位於廣東省湛江市，艦隊防區為南海，海區面積最大。南海艦隊轄有：航空兵部隊，數個基地和水警區，驅逐艦、潛艇、護衛艦

（艇）、登陸艦、掃雷艦、獵潛艇、導彈艇和支援艦支隊或大隊，海軍陸戰旅，訓練基地。

南海艦隊的前身是一九四九年十二月成立的廣東軍區江防司令部，由人民解放軍廣州軍管會海軍接管處和兩廣縱隊一部組成。一九五○年十二月改編為中南軍區海軍。

一九五五年十月，中南軍區海軍改編為海軍南海艦隊。艦隊機關曾駐廣州。

▲ 南海艦隊海上訓練

人民海軍的五大兵種

　　人民海軍的部隊包括能進行水面、水下、空中、陸上戰鬥的五個主要兵種部隊和偵察、通信、觀察、工程、航海保障、電子信息、水文氣象、救生、防化、後勤供應和裝備修理等勤務保障部隊。每一個兵種部隊都是組成海軍整體和進行協同作戰不可缺少的部分。

水面艦艇部隊

　　水面艦艇部隊是在水面進行作戰或勤務保障活動的海軍兵種，它能長時間、持續地在海上進行戰術活動，是對各種目標實施攻防作戰的基本力量，也是實施各種海上作戰保障的重要力量。水面艦艇部隊種類和兵力在世界各國海軍中通常都是最多的。

　　水面艦艇兵力包括航空母艦、戰列艦、巡洋艦、驅逐艦、護衛艦（艇）、導彈艇、魚雷艇、獵潛艦（艇）、佈雷艦、掃雷艦（艇）、登陸艦（艇）和各種勤務艦船。其任務是：消滅敵艦船，破壞敵岸上目標，輸送登陸兵在敵岸登陸，以及進行偵察、巡邏、反潛、佈雷、掃雷、護航、護漁、救生、海上醫療、海上訓練、海上測量、海軍武器試驗、海上工程和運送人員、物資等。

　　水面艦艇部隊是海軍兵力中歷史最悠久、兵力最多的兵種，也是海軍區別於其他軍種的重要標誌之一。西元前一二〇〇年左右，人類歷史上最早的戰船出現於埃及、腓尼基和希臘，它們靠人力划槳輔以風帆獲得動力，主要的海戰形式是撞擊戰和接舷戰。隨著社會生產力的不斷提高、科

▲ 南海艦隊實施艦艦對抗演習

學技術的飛速發展和海上武裝鬥爭的需要，海軍兵種不斷增加，使水面艦艇在海戰中的地位和作用發生了巨大的變化。

十一世紀，中國北宋水軍的戰船上已開始使用各種火器進行水戰。

十四世紀末，法國人將火炮裝上戰船，從此西方海軍開始使用火炮進行海戰。

十九世紀，以蒸汽機為動力的艦艇開始出現。從那時起直到第二次世界大戰前期，海上戰鬥主要是大型戰艦進行火炮和裝甲的較量。

水面艦艇部隊是人民海軍中組建最早的的兵種。一九四九年十一月，華東軍區海軍正式組建了人民海軍第一批艦艇部隊——第一和第二艦大隊。後來，人民海軍又組建了魚雷艇、驅逐艦、獵潛艇、護衛艦艇、登陸艦艇、掃雷艦艇、導彈艇以及勤務艦艇部隊等，其編制層次通常為支隊、

大隊、中隊，如驅逐艦支隊、護衛艦大隊、導彈艇中隊等。

中國海軍水面艦艇部隊經過六十多年的發展，不斷壯大，已成為一支由多艦種組成的武器裝備初步現代化、有一定作戰能力的重要海上突擊和保障力量。

潛艇部隊

潛艇部隊是海軍的主要突擊兵力之一，主要用於水下突襲敵重要目標、反潛和實施偵察，是對海上和岸上目標實施火力打擊威懾和箝制敵人的重要力量。潛艇部隊自給力強、續航力大，具有較好的隱蔽活動能力，既可以獨立作戰，又能與飛機和其他艦船協同作戰。

潛艇部隊按潛艇動力，分為常規動力潛艇部隊、核動力潛艇部隊；按武器裝備，分為魚雷潛艇部隊、導彈潛艇部隊和戰略導彈潛艇部隊。潛艇部隊具有水下使用魚雷、水雷、導彈武器對敵方實施攻擊的能力，主要用

▲ 潛艇編隊

於消滅敵方大、中型運輸艦船和作戰艦艇，破壞敵方海上交通線，保護己方海上交通線，破壞、摧毀敵方基地、港口和岸上重要目標，還可以遂行偵察、佈雷、反潛、巡邏和運送人員物資等任務。

一七七五年，美國人戴維特‧布什內爾製成木殼小潛艇「海龜」號，並第一次把潛艇用於實戰。從此海戰場從水面延伸到水下，揭開了艦艇在水下戰鬥的序幕。

十九世紀後期到第二次世界大戰的潛艇，以柴油機、電動機、蓄電池作為動力，裝備有魚雷、火炮武器和無線電、水聲等觀通器材，隱蔽性、機動性和作戰能力均有很大提高，成為海軍的主要突擊兵器之一。第一次世界大戰期間，德國海軍潛艇大量用於實戰並取得很大的效果，引起各國海軍對潛艇的高度重視。第二次世界大戰促進了潛艇的快速發展，潛艇的

▲ 參加核安二○一○演習的直 -8 直升機正在吊救傷員

機動性、隱蔽性、續航性、武器裝備和技術裝備都有了更大的改進，潛艇擊沉了包括航空母艦、戰列艦在內的許多艦船，顯示了強大的威力。

第二次世界大戰後建造的潛艇，廣泛地運用了電子技術；採用先進的核動力裝置，使水下航速和續航力大幅度提高；潛射導彈和核武器的裝備，更使潛艇作戰能力有了飛躍發展。

人民海軍創立初期，優先建設潛艇部隊。海軍於一九五一年四月成立了由二百七十餘人組成的潛艇學習隊，到蘇聯海軍太平洋艦隊駐旅順潛艇分隊學習。一九五三年八月，正式組建了海軍潛水艇學校——中國人民解放軍第四海軍學校。

一九五四年六月十九日，人民海軍從蘇聯接收了四艘潛艇之後，正式組建了第一支潛艇部隊——海軍獨立潛水艇大隊。一九五五年十月，海軍獨立潛水艇大隊擴建為海軍潛水艇支隊。

▲ 蛟龍出水

根據中蘇一九五三年簽訂的「六‧四」協定，蘇聯向中國有償轉讓了W級（中國稱03型）常規魚雷潛艇的建造權，首艇於一九五七年十月正式交付潛艇部隊，成為中國自行生產的第一型潛艇。這是中國成批建造潛艇的開端，毛澤東主席曾親自登上該型潛艇視察。

一九五九年二月，中蘇又簽訂了「二‧四」協定，蘇方決定向中國有償轉讓R級（中國稱033型）新型常規魚雷潛艇和G級（即031型）常規動力彈道導彈潛艇的建造權。

一九七四年四月，首艘035型潛艇建成並交付海軍潛艇部隊使用，標誌著中國常規動力潛艇走向自主設計研製的新階段。

一九七四年八月，命名為「長征」一號的中國第一艘攻擊型核潛艇正式編入人民海軍的戰鬥序列。至此，中國有了自己的核潛艇，成為世界上第五個擁有核潛艇的國家。一九八一年，中國核潛艇首次進行了長達一個月的遠航；一九八三年，又進行了更遠的航行。一九八六年二月，進行了數十晝夜的自持力試驗，證明中國核潛艇「是頂用的」。

一九八二年十月，中國進行了首次水下發射運載火箭的試驗，取得了圓滿成功。一九八三年八月，中國第一艘導彈核潛艇正式加入海軍戰鬥序列。一九八八年九月，導彈核潛艇水下發射彈道導彈取得成功，標誌著中國已經初步具備了水下戰略威懾和有限核反擊的能力。

人民海軍潛艇部隊的編制是支隊或基地，下轄數艘潛艇。

海軍航空兵

海軍航空兵是以海軍飛機為基本裝備，主要在海洋和瀕海空域遂行作戰任務的海軍兵種，是海軍奪取海洋制空權的主要力量。它具有高度機動

▲ 殲八雙機編隊巡航海南島上空

作戰能力和較大的突擊威力，能有效執行多種攻防作戰任務和保障任務。

一九一一年一月二十六日，美國人格倫・柯蒂斯製造的水上飛機試飛成功。同年七月，美國海軍購買水上飛機並投入使用，在世界海軍中首次裝備飛機。後來，隨著航空母艦的出現，又衍生出艦載航空兵。在兩次世界大戰中，海軍航空兵都有出色的表現。在太平洋戰爭中，有的戰役完全由海軍航空兵獨立進行作戰。

中華人民共和國建立初期，面對國民黨軍隊對中國大陸的海上和空中威脅，人民海軍開始海軍航空兵的建設。一九五〇年十月，海軍航空學校在青島滄口機場成立，拉開了海軍航空兵建設的序幕。

一九五二年六月，海軍航空兵第一師在上海虹橋機場組建，裝備蘇製圖-2 型水魚雷轟炸機和拉-9 型殲擊機。同年九月六日，根據中央軍委的

命令，海軍航空兵的領導機構——海軍航空部（1955 年 10 月改稱海軍航空兵部；2003 年撤銷，所屬部隊分別轉隸相關艦隊和海軍司令部）成立。至此，海軍航空兵有了包括領導機構、航空兵部隊和院校的完整組織架構。海軍將九月六日作為中國海軍航空兵成立日予以紀念，這在中國海軍五大兵種中是唯一的。

此後，海軍航空兵陸續從蘇聯購買、接收和從空軍調入飛機和各種裝備。到一九五五年，已先後組建了六個航空兵師、二個獨立團以及高射炮、雷達等防空部隊共八個團，裝備各型飛機數百架，海軍航空兵的建設發展初具規模。

人民海軍航空兵組建之後，邊打邊建，在戰鬥中不斷成長壯大。一九五四年三月十八日十四時，人民海軍在浙江三門灣活動的巡邏艇遭六架國民黨空軍飛機襲擊，二艘艇受傷。海軍航空兵立即出動米格-15 型飛機二架，趕到南田島上空，擊落二架敵機。這是人民海軍航空兵的首次空戰。在解放沿海島嶼、護航、護漁和參加國土防禦、海軍基地防禦以及援越抗美等數百次作戰行動中，海軍航空兵的飛行部隊和地面防空部隊都發揮了重要作用，共擊落擊傷敵機四百餘架。

人民海軍建立了各艦隊以岸基飛機為主的海軍航空兵部隊。海軍航空兵由轟炸機、殲擊轟炸機、殲擊機、強擊機、偵察機、水上飛機、直升機部隊和執行預警、電子對抗、運輸、救護等保障任務的部隊及防空部隊編成，編製為艦隊航空兵司令部，航空兵師、團、大隊、中隊和防空導彈、高射炮、雷達團、營、連。同時，在沿海地區和一些海島上專門建設了供海軍航空兵使用的機場及有關保障設施。

中國海軍航空兵實行航空兵、防空兵合一的體制，由航空兵和地面防

空部隊組成。目前，海軍航空兵部隊已發展成為一支由多種機型的岸基飛機、艦載飛機及水上飛機組成，具有相當規模，初步現代化的海空突擊和防衛力量。

海軍陸戰隊

海軍陸戰隊是以兩棲作戰武器為基本裝備，主要擔負登陸作戰任務的海軍兵種。它具有較強的火力、高度的機動力、猛烈的突擊力和堅固的裝甲防護力，是登陸突擊的先鋒，也是一支重要的機動作戰力量。

世界上最早的海軍陸戰隊由西班牙國王查理一世於一五三七年組建，

▲ 海軍陸戰隊搶灘登陸訓練

與「無敵艦隊」並肩戰鬥。此後，俄、美、英、法、日等國家也相繼組建了海軍陸戰隊。在兩次世界大戰中，海軍陸戰隊都發揮了重要作用。

人民海軍陸戰隊最早是一九四九年十二月成立的廣東軍區江防司令部下轄的陸戰營。但該營還缺乏海軍陸戰隊進行登陸作戰的能力。一九五三年四月，為解放東南沿海敵占島嶼，華東軍區海軍先後成立海軍陸戰第一團和水陸坦克教導團。一九五四年十二月擴編成海軍陸戰師，這是人民海軍第一支正規的陸戰部隊，具有登陸作戰能力和海防機動作戰能力。後因作戰任務變化而改編為上海警備區守備部隊。一九八〇年五月，海軍陸戰隊在海南島重建，成為海軍聯合機動作戰中一支重要的對岸突擊和海洋防衛力量。

重建海軍陸戰隊，源於西沙登陸作戰的深刻教訓。一九七四年，為收復西沙群島的島礁，臨時抽調駐防海南島的陸軍部隊加入海島登陸作戰。由於平時沒有進行過渡海搶灘登陸訓練，官兵們在經受了大風大浪的顛簸後，許多人暈船嘔吐、四肢發軟，戰鬥力大為減弱。重建的海軍陸戰隊就是由參加西沙作戰的步兵部隊及裝甲兵部隊改編組成。

人民海軍陸戰隊的編制有陸戰旅、團、營、連等，編有步兵、裝甲兵、砲兵、工兵、防化兵、兩棲偵察兵等多個兵種。三十多年來，海軍陸戰隊先後經歷了南沙守礁、一九九八年長江抗洪救災、「礪劍」系列演習、汶川抗震救災、遠洋護航等重大任務的考驗，四十多次接待來自六十多個國家的駐華武官和軍隊高級將領的觀摩，在保衛祖國安全、維護國家海洋權益和支援國家經濟建設中發揮了重要作用。

一九九九年十月一日，海軍陸戰隊方隊首次亮相首都國慶閱兵式，他們以威武的英姿、整齊劃一的動作展現在世人面前。

▲ 海軍陸戰隊女隊員接受檢閱

▲ 二〇〇八年四月，美國海軍陸戰隊司令康威上將訪問海軍陸戰隊。

二〇〇五年八月，海軍陸戰隊參加了「和平使命-2005」中俄聯合軍事演習。正式演習時，海上的風力達七級，浪高約三米。陸戰隊憑藉著平時練就的精湛技術，駕駛著水陸坦克紛紛躍入滾滾波濤之中，破浪前行，圓滿完成演習任務。

人民海軍陸戰隊中，還有一支女子兩棲偵察隊。幾十名英姿颯爽的姑娘身穿海洋迷彩服，全副武裝，同男隊員一起進行射擊、操舟、越障、格鬥、偵察、駕車、泅水、攀登及跳傘訓練。其中，不少人練就了一套「中國功夫」，能熟練地打一套少林拳或練一手劍術，精湛技藝令人叫絕。她們還被送到荒島上鍛鍊野外生存能力，主要靠挖野菜、摘野果、捕蛇鼠、釣魚維持體能。她們多次出色完成訓練、演習和搶險救災任務，被譽為「兩棲霸王花」。

美國海軍陸戰隊司令凱利上將在觀看了中國海軍陸戰隊的訓練後，稱讚道：「你們完全有理由感到自豪！」

海軍岸防兵

海軍岸防兵是以岸艦導彈、地空導彈、岸炮和高射炮為基本裝備，主要遂行海岸防禦作戰任務的海軍兵種。包括岸艦導彈部隊、海岸砲兵部隊、高射砲兵部隊和地空導彈部隊。主要用於突擊敵方艦船，保衛基地、港口和沿海重要地段，扼守海峽、水道，掩護近岸海上交通線和己方艦船，支援島岸和要塞守備作戰等。

十八世紀以後，許多國家先後將岸防兵編入海軍序列，在海防作戰中發揮了重要作用。當時海岸炮射程在三海里之內，因此許多國家將領海範圍定為距海岸線三海里。在中國近代戰爭史上，有許多海防官兵，如陳化

▲ 訓練中的海軍岸防兵

成、關天培等,在沿海砲臺英勇抗擊外國軍艦侵犯,血染海疆。

　　人民海軍岸防兵是由海岸砲兵部隊發展起來的。海軍首先於一九五〇年八月在青島成立了砲兵學校,又於十月二十一日在青島組建了第一個海岸砲兵營,海軍岸防兵從此誕生。其裝備除暫時使用的陸軍火炮外,還向蘇聯購買了一三〇毫米、一〇〇毫米等口徑的海岸炮,之後又加裝了一些探照燈及測距器材。到一九五二年十月,人民海軍岸防部隊在沿海各要地已部署海岸炮九十九門。到一九五五年,海軍岸砲兵發展到十九個團,遍佈中國大陸海岸及部分島嶼。

　　一九五九年六月,人民海軍發射了第一枚岸艦導彈。朱德委員長、董必武國家副主席等許多國家領導人和高級將領到場觀看,可謂盛況空前。同年,海軍決定將砲兵學校改建為以培養海軍導彈工程技術幹部為主的院校,開設各類導彈技術工程專業。一九六三年,海軍組建海岸導彈大隊。

一九六六年七月，第一個岸艦導彈團在北海艦隊成立。一九六七年，第一個裝備中國自行研製導彈的岸艦導彈營正式加入海軍序列。海軍岸艦導彈部隊的建立和發展，使中國海軍海岸防衛力量的作戰範圍向外大大延伸。

六十多年來，海軍岸防兵部隊在解放、保衛東南沿海島嶼和封鎖金門等戰鬥中作出了重要貢獻。一九五五年一江山島登陸作戰中，海軍有二個岸炮連參加戰鬥。部署在頭門山的岸炮連摧毀了敵占大陳島上的砲兵陣地，有力地支援了一江山島的登陸部隊的作戰行動。一九五八年炮擊金門作戰中，海軍岸防兵十多個連先後參戰，發揮海岸炮射程遠、威力大的特點，不但擊沉、擊傷多艘國民黨軍艦艇，摧毀金門島上一批防禦陣地，還重創了金門國民黨軍的司令部。

中國海軍岸防兵包括海岸導彈部隊和海岸砲兵部隊，海軍岸防兵的編制有海岸砲兵或岸艦導彈團、營、連等。裝備有多種類型的岸艦導彈和不同口徑的自動火炮，不僅能近距離作戰和摧毀較小的海上目標，而且可以準確打擊較遠距離的大、中型海上目標，已成為擔負海軍基地和沿岸重要地段防禦的一支重要力量。

第六章

中國海軍的主要武器裝備

海軍是一個綜合性軍種。為了執行各種作戰和其他多樣化任務，中國海軍裝備了多種類型的水面艦艇、潛艇、飛機、導彈、火炮、坦克、裝甲車、雷達和其他武器裝備。

▌水面艦艇

中國海軍大中型水面艦艇既有舷號，也有艦艇名，小型的艇船隻有舷號，沒有命名。中國許多軍艦是以城市命名，這些軍艦與對應的城市結成了共建文明的關係，艦長和市（縣）長經常互訪，並開展各種「擁軍愛民」活動。在人民海軍誕生地泰州和其他城市召開過「戰艦與城市論壇」，這也是中國海軍文化的一大特色。

驅逐艦──從「四大金剛」到「中華神盾」

驅逐艦是以導彈、魚雷、艦炮為主要武器，具有較強的多種作戰能力的中型作戰軍艦，可以遂行防空、反潛、護航、巡邏、警戒、封鎖、救援、對岸攻擊和支援作戰等多種任務。現代驅逐艦排水量通常為三千至八

▲ 第一代導彈驅逐艦-101 號「鞍山」艦

千多噸，航速三十餘節。

　　世界上最早的驅逐艦是十九世紀末英國海軍為了對付魚雷艇而建造的，排水量僅二百四十噸。隨著海戰的需求和科技的發展，驅逐艦排水量越來越大，功能也越來越全面，逐漸成為各國海軍的一個重要艦種。二十世紀五〇年代以後，驅逐艦上安裝了導彈，各種設備也得以改進。直升機登上驅逐艦後，更使其反潛等作戰能力進一步強化。

　　人民海軍最早的驅逐艦是一九五四年十月和一九五五年六月分兩批從蘇聯引進的四艘 07 型雷擊艦（魚雷攻擊艦），被稱為「四大金剛」，是當

▲ 現代級導彈驅逐艦「寧波」號

時人民海軍最大的主力軍艦，現已全部退役。其中的「鞍山」號現停泊在青島海軍博物館裡，見證人民海軍早期軍艦發展史。該型艦標準排水量二一七四噸，巡航速度十八節，主要武器為一三〇毫米炮、三十七毫米炮和五三三毫米反艦魚雷發射裝備。

051 型驅逐艦為國產第一種型號的驅逐艦，也是中國海軍第一代具備遠洋作戰能力的軍艦，一九七一年編入人民海軍。051 型驅逐艦有多種改進型，排水量和武器也有不少變化。

052 型驅逐艦是國產新型驅逐艦，近年來已有數艘裝備人民海軍。052 型驅逐艦改進型的防空、反艦和電子作戰能力有了很大提高，052C 型驅逐艦被譽為「中華神盾」。

「現代」級驅逐艦是中國從二〇〇〇年以後從俄羅斯引進的。「現代」級驅逐艦的防空和反艦作戰能力較強，引進後有助提升中國海軍的作戰能力。

驅逐艦現已成為人民海軍的主戰軍艦，在保衛中國海洋主權和執行遠洋護航等任務中發揮著重要作用。

護衛艦——人民海軍中服役最多的主力軍艦

護衛艦是以導彈、艦炮和魚雷為主要武器的中小型作戰軍艦，是各國海軍中數量較多、用途廣泛的艦種，可遂行護航、巡邏、警戒、防空、反潛、反艦、攻擊海岸、支援登陸等作戰任務。現代護衛艦排水量一般為六百至五千噸，航速二十四至三十二節。

十六至十七世紀，西班牙、葡萄牙將輕快的三桅戰船稱作護衛艦。十九世紀中葉出現了蒸汽動力護衛艦，排水量和武器裝備也不斷發展。二十

世紀六〇年代初出現了導彈護衛艦。隨後，護衛艦上搭載了直升機，可用於反潛、偵察、護航等。

人民海軍初創時，最大的軍艦就是護衛艦，主要有兩類：一類來自國民黨海軍起義部隊，另一類是在船廠待修或因故障停在港灣裡被解放軍俘獲的。主要代表是「南昌」號（起義的國民黨海軍「長治」號，原日本「宇治」號），標準排水量一千一百噸，巡航速度十四節，主要武器為一二〇毫米艦炮。

人民海軍初期最多的護衛艦是「接」字號。所謂「接」字號，是指一九四七年為消除日本海軍重新發動侵略戰爭的力量，除大型日本軍艦被擊毀或拆除外，其餘拆去武器的日本中小艦艇一百三十多艘，被中、美、蘇、英四國抽籤分配。中國分得三十四艘，這些日艦於一九四七年七月至九月分四批駛至中國上海、青島，代號是接一到接三十四號。其中艦況較好的先進廠修理，加裝武器後編入國民黨海軍。其他的或在港內待修，或改作他用。人民海軍在上海解放後接收了接五、接十二、接十四號，後改造為「武昌」、「長沙」、「西安」號。另有起義的「黃安」號（原接 22 號）、「惠安」號（原接 4 號），人民海軍改為「瀋陽」號、「瑞金」號。還有一艘「威海」號（原接 6 號）在江陰被擊傷俘獲，後改為「濟南」號。

其他幾艘護衛艦來歷各不相同。「洛陽」號原是澳大利亞在第二次世界大戰中造的掃雷艦「本迪戈」號（HMAS Bendigo），標準排水量八百噸，一九四一年下水並服役，一九四六年售給香港一個公司，改為「祥興」號商船。被人民海軍購入後，改回軍艦。「廣州」號原是加拿大海軍在第二次世界大戰中接收的英國「城堡」級輕型護衛艦「鮑曼維爾」號（K493 Bowmanville），一九四四年下水。戰後被招商局購買，作為滬津航

▲ 054A 型導彈護衛艦首艦「徐州」號

線的客輪。因颱風損傷留在上海，一九五〇年春修理並改回軍艦。在改建過程中，加裝了從蘇聯引進的一三〇毫米艦炮和其他裝備，作戰能力大為提升，後來參加了在浙東的幾次海戰。「南寧」號原是日本丙型海防艦「海防」七號，一九四四年十一月被美軍潛艇發射的魚雷擊毀了艦艏，後半截被日軍拖回廣州後無法修復。一九五五年，江南造船廠派人員另造出新的艦艏，將前後艦體接攏後將它修復，命名為「南寧」號。這艘日本人放棄的「半截子」艦枯木逢春，成為相當一段時間內人民海軍在南海最大的軍艦。

　　以上的第一代護衛艦是人民海軍前期作戰的骨幹兵力，在解放近岸海島和保衛海疆的多次作戰中戰功顯赫。

　　一九五七年六月，01 型護衛艦編入人民海軍。該型艦標準排水量一

▲ 054型護衛艦「溫州」艦

一三三噸,巡航速度十四點五節,主要武器為一○○毫米艦炮、三十七毫米艦炮及反潛武器。

一九六六年九月,國產第一艘六十五型護衛艦建成交付部隊使用。該型艦標準排水量一一四六噸,巡航速度十六節,主要武器為一○○毫米艦炮、三十七毫米艦炮、深水炸彈發射裝置。

一九七五年十二月,國產 053H 型導彈護衛艦建成交付使用。該型艦標準排水量一三三三噸,主要武器為一○○毫米艦炮、三十七毫米艦炮、

艦艦導彈、深水炸彈發射裝置。

054 型導彈護衛艦是國產新型導彈護衛艦，主要武器為艦炮、艦艦導彈、艦空導彈、深水炸彈發射裝置，可載直升機一架。

056 型護衛艦是中國最新研製的新型軍艦，不久將加入中國海軍的戰鬥序列。

水雷戰艦艇 —— 海上開路先鋒

水雷戰艦艇包括佈雷艦艇和反水雷艦艇兩大類。專門的佈雷艦一般不多，因為飛機、潛艇和許多水面艦船都可以佈雷。反水雷技術要求較高，難度也較大，需專用的反水雷艦艇，包括掃雷艦艇、獵雷艦艇和破雷艦艇等，各國海軍配備的數量也較多。掃雷艦艇是海軍「開路先鋒」，擔任最危險的掃清航路任務，因此，世界海軍中有不成文的規則：所有的艦艇在海上遇到掃雷艦艇都會首先向艦艇中的「敢死隊員」致敬，哪怕是噸位比它大得多的主力軍艦。

人民海軍建立初期，缺少專用的掃雷艦艇，只能將登陸艦艇及其他艦艇改為掃雷艦艇，以完成緊迫的掃雷任務。一九五〇年，國民黨海軍在長江口佈雷，炸沉炸傷了多艘商船，企圖使中國最大的上海港癱瘓，變成「死港」。在此關係到新中國經濟存亡的關鍵時刻，人民海軍奉命駕駛以登陸艦艇改裝的掃雷艦艇出航掃清航道，使上海港對外貿易渠道暢通無阻，為新中國初期經濟發展立下大功。後來，經過引進蘇聯掃雷艦艇，轉讓製造、仿製改進，最後自行研製出國產掃雷艦艇。國產掃雷艦艇曾援助越南掃除美國水雷，並參加了西沙海戰。

十型掃雷艦自一九五六年引進蘇聯 254M 掃雷艦技術開始建造，標準

▲ 081型渦池級掃雷艦

排水量五百七十噸，巡航速度十節。主要武器為三十七毫米艦炮、二十五毫米艦炮、深水炸彈發射裝置和掃雷裝置。

081型掃雷艦是中國自行設計製造的中型掃雷艦，標準排水量七九六噸。主要武器為三十七毫米艦炮、掃雷裝置。

導彈（護衛）艇——近海防禦的「利劍」

導彈艇是水面艦艇中的後起之秀，誕生於二十世紀五〇年代末，是以艦艦導彈為主要武器的小型高速水面戰艇，主要用於在近岸海區攻擊敵大中型水面艦船，也可執行巡邏、警戒、反潛、佈雷等任務。其特點是體積小、航速快、機動靈活、攻擊力強，但續航力和自給力小，自衛能力和耐波性差，無法進行遠海或長時間作戰，氣象條件不好時則難以出戰。

人民海軍最早裝備的導彈艇是從蘇聯引進技術製造的 21、24 型導彈

▲ 022 型導彈快艇

艇，排水量僅幾十噸。之後開始裝備國內研製的導彈艇。

037 改進型導彈護衛艇是中國在 037 型獵潛艇基礎上建造的，標準排水量四九〇噸。主要武器為三十七毫米艦炮、三十毫米艦炮、艦艦導彈。

22 型導彈艇是中國試製成功的高速隱形導彈艇，為雙體船型。22 型導彈艇二〇〇九年參加了青島海上大閱兵，受到各國海軍的關注。

登陸艦艇——「兩棲戰神」

海軍登陸作戰艦艇也稱為兩棲作戰艦艇，主要任務是運載登陸兵、武器裝備和物資、戰鬥車輛、登陸工具，並可為登陸作戰提供火力支援及指揮、通信聯絡等。第二次世界大戰中，登陸作戰次數和規模都是空前的，這也促使了登陸作戰艦艇的迅速發展。

人民海軍建立時，有一批國民黨海軍起義或被俘的美製登陸艦艇，還改裝了一批民用船，成為解放沿海島嶼時進行登陸作戰的重要兵力。隨著國產登陸艦艇的登場，舊式登陸艦艇已全部退役。

072 型登陸艦，標準排水量二五四〇噸。武器為五十七毫米高射炮、

▲ 「崑崙山」大型登陸艦艦

二十五毫米高射炮。

　074 型登陸艇，標準排水量四八六噸。武器為二十五毫米高射炮、十四點五毫米機槍。

　071 型綜合登陸艦是中國自主研製的最大作戰軍艦，滿載排水量二萬噸左右。該艦可執行遠洋作戰及其他任務。二〇〇九年四月青島海上大閱兵中，071 型綜合登陸艦首艦「崑崙山」號引起中外媒體高度關注。二〇一〇年，該型艦還遠赴亞丁灣參加護航。該艦的服役標誌著中國海軍中遠海投送兩棲作戰兵力的能力大幅提高。該型第二艘艦「井岡山」號也已建成服役，各種性能有了進一步提高。

勤務艦船——興旺的「大家庭」

　勤務艦船是用於海上戰鬥保障、技術保障和後勤保障艦船的統稱，主要為戰鬥艦艇提供保障和支援，以及進行科學考察、海洋調查、武器試驗、打撈救生、工程施工、醫療救護、人員訓練、艦艇修理等。其中最多的是物資和人員的運輸艦船和供應艦船。不少國家海軍的勤務艦船噸位同

戰鬥艦艇幾乎相等，有的甚至超過後者。

中國人民解放軍海軍的勤務艦船六十多年裡也有很大發展，從建軍之初幾乎都是民用船改造代用，到專門建造各種幾千噸至萬噸以上的勤務艦船，保障中國海軍作戰艦艇能夠駛向遠洋。中國海軍勤務艦船包括供應艦船、運輸艦船、防險救生船、工程船、科研試驗船、航海保障船、海洋調查船、偵察船、醫療救護船、修理船、訓練艦、基地勤務船等共十二類，是個「人丁興旺」的大家庭。中國海軍勤務艦船隻有少數被命名，大部分只有舷號，其舷號與戰鬥艦艇不同，通常標明所屬的海軍部隊和種類。如：南運 XX 號即為南海艦隊的運輸船，東救 XX 號為東海艦隊的救生船，北工 XX 號為北海艦隊的工程船，海冰 XX 號則歸海軍直轄的破冰船。

遠洋綜合補給艦是中國海軍排水量最大的艦船，也是伴隨中國海軍走向藍水的重要保障船隻。人民海軍早期主要執行近岸防禦，艦艇都是在靠近海岸的海域航行，因此不需要遠洋綜合補給艦船，只有大部分是民用船改造的中小型油船、水船及一些運輸船。二十世紀七〇年代，隨著中國海軍進行遠洋航行，特別是為執行中國第一次遠程運載火箭發射試驗保障任務的需要，專門建造的「太倉」號等滿載排水量二萬噸的補給艦先後建成。一九九二年，一艘在建中的油輪經大連造船廠續建改裝，成為中國海軍「南倉」號（今「青海湖」號）。二〇〇四年，中國海軍又增加了滿載排水量達二點三萬噸的補給艦，載重量也比第一代國產補給艦大。綜合補給艦在中國海軍多次出訪和赴索馬里、亞丁灣海域護航行動中發揮了重要保障作用。

「和平方舟」號醫院船，空載排水量一點二萬多噸，巡航速度十八

節，船體按國際醫院船慣例漆成白色，船舷有醒目的紅十字標誌。船上設有手術室、檢驗室、消毒室、治療室等，備有救生艇四艘。這是中國自行研製的，也是世界上第一艘專門建造的萬噸以上的醫院船。

「鄭和」號遠洋訓練艦是中國自行研製的第一艘專用訓練艦，以中國明朝著名航海家鄭和的名字命名。滿載排水量五四四八噸，主要武器為五十七毫米和三十毫米炮、六十五毫米火箭炮。艦上配有多種航海、通信等海上訓練設施，可供學員出海實習。

「世昌」號國防動員艦是中國自行建造的第一艘具有平戰結合多功能的大型軍艦，以以身殉國的中國近代海軍英雄鄧世昌的名字命名。這艘軍艦滿載排水量九一〇〇多噸，可以進行航海訓練、直升機訓練、醫療救護訓練、集裝箱運輸、國防動員演練及綜合使用。

「鄭和」號、「世昌」號均隸屬海軍大連艦艇學院，該學院是中國海軍唯一編有艦艇的院校。

071 型破冰船是中國自行設計製造的第一種大型破冰船，滿載排水量

▲ 「微山湖」綜合補給艦

▲ 「鄭和」號訓練艦

▲ 「和平方舟」醫院船　　　　　▲ 「畢昇」號試驗艦

三一九〇餘噸，續航力一點三萬海里。主要武器為雙聯裝三十七毫米炮。該型船多次執行中國北方海區破冰救援任務。

「畢昇」號實驗艦，是中國自製的進行武器試驗的軍艦。畢昇是中國宋代發明活字印刷術的科學家。測量船則以當代著名科學家命名，如「李四光」號、「錢三強」號等。

航空母艦——用於科研、試驗和訓練

航空母艦是當今世界上作戰能力最強的水面艦艇。它主要使用艦載飛機進行攻擊和防禦。它是一個國家科學技術、工業水平和國防力量的集中體現。航空母艦通常與巡洋艦、驅逐艦、護衛艦、潛艇及補給艦船組成戰鬥群，執行各種作戰任務。目前世界上，美國、俄羅斯、法國、英國、印度、西班牙、巴西、意大利、泰國等國海軍擁有航空母艦。現役的航空母艦排水量小的僅一萬多噸，大的則超過十萬噸。航空母艦可長期在海洋上航行，不僅是進行作戰的利器，還可以承擔各種非戰爭軍事行動。

從一九一三年英國海軍將一艘舊巡洋艦改造為水上飛機母艦起，航空母艦的歷史已將近一百歲了。早期航空母艦使用的燃料是煤，後來是柴油，現在的不少航空母艦是核動力。早期艦載的是螺旋槳飛機，現在是噴氣式飛機，還有直升機、無人機等。其中包括戰鬥機、轟炸機、攻擊機、

偵察機、預警機及反潛巡邏機等。

　　二○一一年七月二十七日，中國國防部宣佈：「中國目前正利用一艘廢舊的航空母艦平臺進行改造，用於科研試驗和訓練。」這艘原名「瓦良格」號、蘇聯解體後停止建造的航空母艦被烏克蘭轉售給中國，經改造後於八月十日正式開始第一次試航。後來又經過了數次試航。航空母艦的首次試航，是中國人民解放軍海軍發展史上的一個里程碑。

附：世界各國現役航空母艦一覽表

國家	艦名	滿載排水量（噸）	最大航速（節）	服役時間
美國	企業	89600	33	1961.11
	尼米茲	91487	30	1975.05
	艾森豪威爾	91487	30	1977.10
	卡爾‧文森	91487	30	1982.03
	羅斯福	96386	30	1986.10
	林肯	102000	30	1989.11
	華盛頓	102000	30	1992.07
	斯坦尼斯	102000	30	1995.12
	杜魯門	102000	30	1998.07
	里根	102000	30	2003.07
	布什	102000	30	2008.04
俄羅斯	庫茲涅佐夫海軍元帥	67500	30	1990.12
英國	無敵（卓越）	20600	28	1982.06
	無敵（皇家方舟）	20600	28	1985.11

國家	艦名	滿載排水量（噸）	最大航速（節）	服役時間
法國	夏爾・戴高樂	40600	27	2001.05
意大利	吉澤佩・加里波第	13370	30	1987.08
	加富爾	27100	28	2008
西班牙	阿斯圖里亞斯王子	17188	26	1988.05
印度	維拉特	28700	28	1955
巴西	聖保羅	32780	32	1963.07
泰國	查克里・納呂貝特	11485	26	1997.08

▎潛艇

　　潛艇能在水下航行和作戰，主要用於攻擊敵軍水面艦艇和潛艇，襲擊敵方陸上目標，消滅敵方運輸船，封鎖敵方海上交通線，並可擔任警戒、護航、佈雷、偵察、運輸、救援等任務。其特點是隱蔽性好，生存能力強，有較大自給力、續航力，可遠洋獨立作戰。但水下通信和觀察目標困難，艇內生活條件艱苦，常規潛艇水下航行時間有限，浮出水面時易暴露自身。核潛艇能長時間在水下活動，並可載核導彈，是個隱蔽的機動核打擊兵力。

　　人民海軍於一九五四年起先後接收蘇聯移交的四艘潛艇後，才有了潛艇部隊。現在，中國海軍已有核動力和常規動力兩類潛艇。核動力潛艇是中國自行研製成功的；常規動力潛艇大部分由中國自行研製，也有少量是引進的。

常規動力潛艇──水下奇兵

　　中國海軍潛艇部隊中大部分是常規動力潛艇。

　　033 型潛艇是在蘇聯提供技術的基礎上由江南造船廠研製成功的，一九六五年第一艘該型潛艇交付人民海軍。這是中國建造最多的潛艇，水下排水量一七〇六噸，水下航速可達十三節。主要武器為魚雷發射管，裝備魚雷，也可載水雷。

　　035 型潛艇由中國自行設計製造，一九七四年第一艘交付人民海軍。該型潛艇水下排水量二一〇九噸，水下航速可達十八節。主要武器為魚雷

發射管，裝備魚雷，也可載水雷。

039 型潛艇是中國自行建造的新一代潛艇，主要武器為魚雷發射管，裝備魚雷或潛艦導彈，也可載水雷。

636 型潛艇主要武器為魚雷發射管，可裝備魚雷或導彈。

核潛艇——「一萬年也要搞出來！」

二十世紀五〇年代中國在朝鮮戰爭和臺海衝突中多次受到了來自美國的「核訛詐」。毛澤東為此感慨地說，「在這個世界上，如果不想受人欺負，就不能沒有這個東西（指核武器）。」一九五八年六月，當時分管國防科學技術的國務院副總理聶榮臻給中央呈上一份報告，提出核潛艇將成

▲ 039型常規動力攻擊潛艇

為未來霸權主義的戰略武器，中國必須擁有自己的核潛艇才能以威懾對付威脅。毛澤東和其他中國領導人很快批准了這份報告，中國的核潛艇研製工作隨之開始。

由於蘇聯不同意援助中國建造核潛艇，中國只能獨立自主研製。毛澤東的一句名言「核潛艇，一萬年也要搞出來！」表達了中國人建造核潛艇的堅定決心。當時，擔任總設計師的彭士祿手頭僅有二張外國核潛艇的照片和一個玩具模型。

後來中國經濟遭遇巨大困難，核潛艇研製工作曾一度暫停，但仍保留少量人員繼續做理論研究和試驗。一九六五年，隨著國民經濟的恢復，核潛艇研製工作重新啟動。在研製過程中，有觀點認為中國技術落後，應當先從常規潛艇外殼加核動力開始。但這樣要花費較多的時間和財力、人力。最終，決策者們決定採用先進的水滴線型艇體，打破常規，加快了研製的進程。中國自行研製的第一艘 09I 型核潛艇於一九七四年編入海軍序列。一九八三年，中國第一艘 09 II 型導彈核潛艇編入海軍序列。一九八八年，中國核潛艇水下發射彈道導彈取得成功。

一九六四年中國第一枚原子彈爆炸成功後，確定的核戰略有兩個基本原則：一是不首先使用；二是選擇敵人要害目標實施報復。這一戰略的根本目標，是以有限的核武器同擁有大量核武器的強敵達成「不對稱平衡」，使敵人不敢輕易對中國使用核武器，起到後發遏制作用。中國奉行這種特殊核戰略，要確保有效性必須擁有「第二次打擊」能力，落實這一戰略的有效載體就是核潛艇。對於不首先使用核武器的國家來說，一旦遭受先發制人的核打擊，大部分陸基戰略導彈和戰略轟炸機可能癱瘓，導彈核潛艇則比較安全可靠，是最有效的核報復力量。

▲ 「長征」六號彈道導彈核潛艇

　　但核潛艇的動力運行系統主要依靠核反應堆，稍有閃失，就會釀成事故，有些甚至是引發恐慌的災難性慘劇。因此，核潛艇的核安全始終是擁有核潛艇的國家十分關注的大問題。中國海軍一直將核潛艇的核安全擺在首要位置。中國的第一艘核潛艇現已安全航行近三十年，中國是目前世界上擁有核潛艇的國家中唯一一個未發生過核潛艇事故的國家。

　　據不完全統計，已有數十個國家的海軍首腦參觀過中國海軍的攻擊型核潛艇，這其中包括美國的前「核潛艇之父」里科弗，美國海軍的作戰部長、英國、法國的海軍參謀長及俄羅斯海軍總司令等。

　　二〇〇九年四月二十三日，在中國海軍建軍成立六十週年之際舉行的

多國海上閱兵式上，「長征」六號核動力潛艇、曾創造潛行時間最長世界紀錄的「長征」三號核動力潛艇和兩艘常規動力潛艇以水面航行狀態逐一通過閱兵艦。這是中國海軍核潛艇首次公開亮相。

海軍飛機

在航空母艦正式服役前，中國海軍航空兵主要裝備的是岸基固定翼作戰飛機和艦載直升機，以及少量的水上飛機。中國海軍航空兵早期裝備為從蘇聯引進的各類飛機，後來才逐漸被國產飛機取代。但同時，也有一些飛機是引進的。隨著中國航空母艦研製，與其配套的艦載固定翼作戰飛機也將推出。

殲擊機——海空「獵鷹」

海軍殲擊機主要用於在空中殲滅敵機，並可對敵軍艦艇和岸上目標實施攻擊，是奪取海洋制空權的主要兵力。其特點是航速快、機動性好、火力強勁，可分為岸基和艦載兩大類。在第一次世界大戰中，英、法、俄等

▲ 海軍航空兵新型戰機

國海軍首先裝備了專門用於空戰的殲擊機。第二次世界大戰中，海軍殲擊機更是大展神威，特別是美、日兩國海軍航空兵的殲擊機在太平洋上空進行了多次大規模激戰。

早期的海軍殲擊機為螺旋槳式，裝有機槍或機關炮。第二次世界大戰後，噴氣式海軍殲擊機逐步成為主力。二十世紀五〇年代後，導彈和雷達等各種設備裝上飛機，作戰能力得到大幅度提高。

中國海軍航空兵早期使用的殲擊機是從蘇聯引進的拉-11、米格-15 等型飛機，後來為國產的殲-5、殲-6、殲-7、殲-8、殲-10 等型飛機。

殲-5 型殲擊機是中國在蘇聯米格-17 型殲擊機基礎上仿製並改進的第一種高亞音速單發動機噴氣式飛機。主要武器為三十七毫米和二十三毫米航炮。

殲-6 型殲擊機是中國根據蘇聯米格-19 型殲擊機的技術改進仿製的，一九六三年首飛，為雙發動機超音速殲擊機。主要武器為三十毫米航炮，可載火箭彈、空空導彈或炸彈。

中國海軍航空兵的殲-5、殲-6 型殲擊機在保衛祖國海空的作戰中多次擊落、擊傷來犯的 BR-57、F-101、P2V-7、F-4 等多種性能先進的敵機，取得不凡戰績。

殲-7 型殲擊機是中國根據蘇聯米格-21 型殲擊機的技術改進仿製的，為單發動機超音速殲擊機，一九六六年首飛，次年投產。主要武器為三十毫米航炮，可載火箭彈、空空導彈或炸彈。

殲-8 型殲擊機是中國自行研製的雙發動機高空高速殲擊機，一九六九年首飛。主要武器為三十毫米炮二門，可載火箭彈、空空導彈或炸彈。

殲-10 型殲擊機是中國自行研製的新型殲擊機，一九九八年首飛。主

要武器為二十三毫米航炮，可載空空導彈、火箭彈、炸彈等。

轟炸機——「長空霹靂」

海軍轟炸機主要用於轟炸敵軍艦船、軍港及其他目標，實施佈雷封鎖，具有載彈量大、航程遠、突擊力強的特點，可載炸彈、導彈、水雷、航空火箭等。一九一四年，英國海軍首先在飛機上裝載炸彈襲擊德軍基地。此後，海軍轟炸機發展迅速，在兩次世界大戰及後來的局部戰爭中廣泛運用，並從螺旋槳式演變成噴氣式，航程和載彈量不斷增大，各種電子設備和雷達更強化了其作戰能力。

中國海軍轟炸機經歷了從引進蘇聯轟炸機到仿製改進的過程。

伊爾-28 型轟炸機是蘇聯第一代輕型噴氣式轟炸機，平飛最大時速九〇二千米，主要武器為二十三毫米航炮，可載炸彈或魚雷。中國一九五二年開始引進該機。一九六七年，在伊爾-28 型轟炸機基礎上改進製造出的轟-5 型轟炸機開始批量生產，裝備中國空軍和海軍航空兵。轟-5 在海軍中一般作為魚雷轟炸機使用。

圖-16 型轟炸機是蘇聯製造的雙發動機高亞音速中型轟炸機，最大時速九九二千米，主要武器為二十三毫米航炮，可載空地導彈或炸彈。中國於一九五九年開始引進技術並自行組裝該型轟炸機，一九六六年改進仿製出轟-6 型轟炸機。此後，轟-6 系列轟炸機不斷推出改進型，海軍使用的是反艦型號轟-6 丁，可掛載多型反艦導彈。

殲擊轟炸機——「飛豹」出擊

海軍殲擊轟炸機主要用於打擊水面和瀕海敵軍目標，並兼有空戰能

▲ 海軍「飛豹」戰機

力，具有高低空性能好、作戰半徑和載彈量大、突防和生存能力強等特點。二十世紀四〇年代末，美國首先在殲擊機上掛裝一定數量的炸彈，後逐漸演化成殲擊轟炸機。

中國海軍主要裝備國產的殲轟-7 型殲擊轟炸機。殲轟-7 型綽號「飛豹」，巡航時速八五〇千米，主要武器為二十三毫米艦炮，可帶空空導彈、空艦導彈及炸彈。在國慶六十週年閱兵式上，代表中國海軍航空兵飛翔在天安門上空的機群就是該型戰機。

此外，中國海軍還從俄羅斯引進了蘇-30 型殲擊轟炸機。該機最大時速二一〇〇千米，可攜帶多型空空、空地、空艦導彈。

水上飛機──海上「多面手」

水上飛機是能在水面上起飛、降落和停泊的飛機，可以不需要陸地機場，在軍事上主要用於偵察、運輸、反潛和救援活動。人民海軍早期曾引進了六架蘇聯別-6 型水上飛機。

▲ 水轟-5 飛機

　　一九八六年，在吸收國外技術基礎上製造出的國產水轟-5 型水上飛機交付海軍使用。該機最大航程四六〇〇千米。主要武器為二十三毫米航炮（機背炮塔），可載空艦導彈、魚雷、炸彈、深水炸彈或水雷。主要用於海上偵察、巡邏、救援、反潛，也可用於對敵軍水面艦艇的監視和攻擊。

直升機——率先登上中國軍艦的航空器

　　海軍直升機可執行反潛、反艦、偵察、巡邏、掃雷、預警、電子對抗、運輸、救護等任務。一九四二年，德國海軍首先將「蜂鳥」型直升機搭載在艦上用於巡邏。一九四四年，美國海軍開始用直升機反潛。此後，直升機在海軍中的運用越來越廣泛。現代艦載直升機可隨艦艇機動到任何

艦載直升機

海域進行作戰，其最大的優點就是起降靈活，不需要很大的平臺，從小到千餘噸的輕型護衛艦到大至數萬噸的航空母艦均可搭載。

二十世紀六〇年代，中國海軍開始裝備直-5 型直升機。此後，又有「超黃蜂」、「海豚」、「黑豹」、直-8、直-9 等多種型號直升機加入海軍行列，強化了海軍反潛、偵察、運輸、救生等多種作戰能力。一九八〇年五月，中國首次向南太平洋發射遠程運載火箭，四架艦載直升機隨特混編隊行動，擔負火箭落區的警戒、打撈數據艙等任務。飛行員在數據艙濺落點上空準確懸停，潛水員從直升機入海，僅用五分多鐘就將數據艙打撈上來。

半個世紀以來，中國海軍直升機部隊實現了從岸基型到艦載型、從運輸型到戰鬥型、從近海到遠洋的三大轉變，具備了隨艦執行反潛、搜救、偵察、運輸、超視距引導攻擊等任務的能力。

卡-28 型反潛直升機從俄羅斯引進，主要武器為反潛魚雷和深水炸彈，主要用於反潛。

直-8 型中型直升機，裝備聲納、魚雷和深水炸彈，可用於反潛、運輸等任務。

直-8 運輸直升機，主要用於海上人員和物資運輸、海上傷病員救護。

直-9 型輕型多用途直升機，主要武器為魚雷。海軍型可載聲納、電子偵察和救生設備，用於反潛及其他任務。

▌陸戰兵器

　　海軍陸戰隊是由多個兵種分隊合成的兩棲突擊力量，其裝備種類和型號繁多，作用各異，涉及航渡、登陸、空降、潛水、陸戰、防空等方面。

　　中國海軍陸戰隊的輕武器（如步槍、衝鋒槍、機槍、迫擊炮、火焰噴射器、火箭筒等）基本與陸軍相同，有特色的是兩棲作戰兵器。海軍陸戰隊的主要裝備為兩棲裝甲突擊車、兩棲裝甲步兵戰車和兩棲自行榴彈砲等。

　　此外，中國海軍陸戰隊還裝備有氣墊登陸艇、衝鋒舟、動力三角翼、單兵防空導彈、排雷和防化、防輻射、潛水等特種裝備。

▲ 63A 水陸兩棲坦克

▍岸防兵器

　　海軍岸防部隊的兵器，許多國家都經歷了從海岸炮到導彈為主的發展過程。中國人民解放軍海軍初建時，由於缺乏艦艇，更無飛機，為了防範敵軍來自海上的襲擾和進犯，緊急從陸軍調用火炮佈防一些海岸的重要地點，保衛大陸海岸和島嶼。二十世紀五〇年代前期，中國海軍從蘇聯引進的大量射程比較遠的海岸炮逐步取代了陸軍炮。一九五九年，中國海軍從蘇聯引進五四二型岸艦導彈。蘇聯停止援助後，中國由仿製到自行研製各種岸艦導彈，陸續裝備岸防部隊。八〇年代以後，各型固定岸艦導彈逐步更新為機動式岸艦導彈，從液態燃料的導彈發展為固體燃料的導彈，保衛海防的作戰能力有了進一步提高。目前，中國海軍岸防部隊已全面實現導彈化，保衛海防的作戰能力有了大幅度的提高。

　　一三〇毫米口徑海岸炮是人民海軍裝備較多的海岸炮，有雙聯裝、單管兩種，射速每分鐘十至十五發，最大射程在二十五千米以上。可發射穿甲彈、爆炸彈、照明彈。

　　一〇〇毫米口徑高射炮是人民海軍裝備較多的高射炮，可發射空炸榴彈、預製破片彈等。

　　中國海軍的岸艦導彈，早期是仿製的「上游」、「海鷹」系列導彈，後來以發展國產「鷹擊」系列導彈為主。

　　「上游-1」號導彈仿自蘇聯五四四型艦艦導彈，射程不能滿足海防需要。因此，在其基礎上改進研製了增大射程的「海鷹-1」號導彈，飛行速度和有效射程都有很大提升，一九七一年開始批量生產。「海鷹-1」號導

▲ 鷹擊 62 反艦導彈

彈能在一定範圍內形成有效威懾。

　　「鷹擊」系列反艦導彈是中國研製的使用固體燃料的新型多用途導彈，有效射程和作戰威力有了較大提升。「鷹擊」導彈於七〇年代末研製成功，後發展了多種改進型，目前該系列導彈廣泛裝備海軍艦艇、飛機和岸防部隊。

第七章

遂行多樣化任務

在六十多年的建設發展中，中國人民解放軍海軍在應對多種安全威脅、完成多樣化軍事任務中，擔負著重要的使命任務。同時，在遂行非戰爭軍事行動，維護國家穩定，保護人民群眾的生命財產安全中具有不可替代的地位和作用。

▌護航

中國海區的護漁護航

中華人民共和國成立初期，東南沿海的大部分島嶼仍被國民黨軍隊占據，游弋的國民黨海軍艦艇和海匪經常竄到漁場騷擾，燒殺搶掠。僅一九五〇年至一九五三年，被他們搶走的漁船就有二千餘艘，抓走的漁民達一萬餘人。

為了保衛漁民海上生產的安全，人民海軍開展了剿匪護漁鬥爭。駐守廣東萬山群島的海軍部隊，從一九五〇年進島的第一天起，就擔負起剿匪護漁的任務。部隊缺乏艦艇，便組織許多武裝小組隨漁船出海護漁，僅一九五二年就先後捕獲海匪七十九名，繳獲海匪船八艘。

一九五二年九月，海軍駐南澳島觀通戰士邱安等人被派往南澎島，協助地方幹部組織漁民生產和開展護漁鬥爭，並組織起了捕魚互助組和民兵隊。九月二十日拂曉，國民黨軍一百四十多人在二艘軍艦、三艘炮艇掩護下進犯南澎。邱安等人和民兵一起奮勇反擊，連續三次打敗企圖登島的敵人，直到子彈打光，不幸犧牲。後來，群眾在南澳島上為邱安建立了紀念碑。

一九五〇年到一九五三年，華東軍區海軍出動艦艇二九五艘次，在海上進行剿匪作戰七十次，剿滅海匪七百八十餘名，擊沉、擊傷和繳獲各種匪船八十五艘，保護了二萬八千七百餘艘漁船和三十五萬餘名漁民的生命和生產安全。

二十世紀五〇年代的護漁戰鬥相當激烈，其中比較著名的一次是浙江

▲ 初建不久的人民海軍炮艇在執行護漁任務

貓頭洋護漁戰。由於貓頭洋漁場面積達二百五十平方公里，來自各地的漁船最多時達五千多艘，漁場東南又緊臨國民黨軍駐守的東磯列島，因此護漁任務相當艱巨。為反擊國民黨海、空軍的襲擾，華東軍區海軍決定派護衛艦、砲艦南下，支援巡邏艇隊作戰。一九五四年三月十八日至四月二十八日，「興國」、「延安」號砲艦與竄入漁場的二艘敵艦交火，擊傷敵「永」字號掃雷艦艦尾。舟山、臺州巡邏艇大隊六艘艇與敵「永」字號掃雷艦激戰，擊中國民黨軍艦艙面。「廣州」、「開封」、「瑞金」、「興國」四艦與國民黨海軍四艦編隊遭遇後展開炮戰，擊傷其前導艦──「太」字號護衛艦。在對空作戰中，人民海軍六一二、五〇五號艇中彈受傷，犧牲三人，傷五人。海軍航空兵及時趕到戰區支援，一舉擊落國民黨空軍飛機二架。經過這一系列打擊，國民黨海、空軍不敢再輕易襲擾漁場。

此後，人民海軍擔負的護漁任務依然繁重。以南海艦隊為例，僅一九八〇年七月至一九八二年年底，就派出艦艇七百九十四艘次、飛機二百六十二架次執行巡邏、警戒等任務，保衛了北部灣和西沙海區的漁業生產和

海上鑽井平臺的安全。

　　人民海軍在護漁鬥爭中還幫助漁民解決生產、生活中遇到的困難和危險。漁船上沒有淡水了，艦艇上的水兵就送給他們一些。海上起了大風浪，有的漁船無力抗風，有的操縱失靈在海上漂流，海軍艦艇趕上前去把它們拖帶回來。當時的漁船上通訊設備落後，漁民們有時對天氣變化情況掌握不準，海軍及時向他們通報氣象變化尤其是颱風的情況。特別是當漁船在海上遇險時，海軍艦艇更是不顧艱險，奮力搶救。

　　隨著中國海運事業的恢復和發展，海上護航任務日益增多。據統計，從五〇年代初到一九六四年，人民海軍共為二十二點八萬餘艘次中外商船護航。

　　在北京的軍事博物館，陳列著一艘已經退役的四一四號小艇，紀念發

▲ 「頭門山海戰英雄艇」集體

▲ 現陳列在青島海軍博物館的 414 號「頭門山海戰英雄艇」

生在半個多世紀前的往事。

　　一九五一年六月二十三日，浙江沿海，一支人民海軍巡防隊接到任務，為三艘運糧船和九百多艘漁船護航。當時，這一帶經常遭遇海匪和國民黨海軍的襲擊和騷擾。四艘炮艇沒有採用通常伴隨護航的方式，而是在海匪可能襲擾的海面設伏。天亮時，海上雨霧瀰漫，只能靠聽覺來辨別。忽然，戰士們聽到西南方向頭門山海上有槍聲，立即高速出航。途中，一艘艇因為發現可疑敵情而離隊前往檢查，二艘艇因機器故障而掉隊，只剩下了四一四號一艘艇。它沒有任何猶豫，繼續朝槍聲密集的方向駛去。

　　到現場時，果然看到一艘三桅大船攔頭截住了三艘運糧船的去路；其餘三艘帆船正把運糧船壓向島岸，準備搶劫。

　　四一四號艇毫不猶豫地選擇戰鬥，用艇首新裝備的二十五毫米炮向海匪船猛烈開火，救出了被圍困的運糧船。

　　海匪船開始撤離，四一四號艇一路猛追。當海匪船駛到頭門山附近海

域時，認為可以獲得國民黨軍的支援，便掉過頭來反擊。四一四號艇毫不示弱，衝到距離海匪船一百米左右的地方，猛烈射擊。一發砲彈擊中四一四號艇尾油桶，後甲板燃起大火。

正在危急之際，人民海軍其他三艘艇趕來助戰。戰鬥取得了勝利。一艘海匪船被擊沉，三艘受傷逃走，海匪死亡三十多人。

四一四號艇在這次護航中表現出來的英雄氣概傳為佳話，華東軍區海軍授予該艇「頭門山海戰英雄艇」的光榮稱號。

遠洋護航

「我是中國海軍護航編隊，如需幫助，請在十六頻道呼叫我。」這條以漢英兩種語言播發的通告，每天在亞丁灣上空迴響。對於航經亞丁灣海域的中外船舶來說，早已不再陌生。

「Mayday（救命），Mayday（救命）……」二〇一一年六月六日，海

▲ 中國海軍護航編隊艦載直升機在亞丁灣驅離疑似海盜船

軍「溫州」艦的高頻電話中突然傳來巴基斯坦貨船「海德拉巴」號船長焦急的求救聲：「發現一艘海盜小船，距離一點五海里，能看到武器和梯子。」此時，「海德拉巴」號商船距離我編隊後方二十五海里，「溫州」艦面臨兩難處境：去救，護送的六艘商船離開軍艦保護如羊入虎口；不救，「海德拉巴」號危如累卵！

護航編隊指揮員果斷下令：「直升機起飛警示驅離，『溫州』艦前出接應『海德拉巴』，吊放艦載小艇為商船編隊護航。」

二十分鐘後，直升機飛臨商船上空，在強大武力震懾下，海盜小艇悻悻離去……

這是中國人民解放軍海軍第八批護航編隊在執行護航任務時，發生的驚險一幕。

二○○八年六月，鑒於亞丁灣、索馬里海域日趨惡化的安全形勢，聯合國安理會通過第一八一六號決議，授權各成員國在「索馬里過渡聯邦政府事先知會秘書長情況下，同過渡聯邦政府合作打擊索馬里沿海海盜和武裝搶劫行為」。

中國政府根據聯合國有關決議，在得到索馬里過渡政府的同意後，決定派出海軍護航編隊。

二○○八年十二月二十六日，由「武漢」號、「海口」號驅逐艦和「微山湖」號補給艦組成中國海軍編隊，同時搭載二架直升機和數十名特戰隊員，組成首批護航編隊前往亞丁灣和索馬里海域執行護航任務。這是中國軍隊首次組織海上作戰力量赴海外履行國際人道主義義務，也是中國海軍首次在遠洋保護海洋運輸線安全，體現了中國積極履行國際義務的負責任大國形象。

▲ 二〇〇八年十二月二十六日，中國海軍首批護航編隊解纜出征。

三年來，在帆檣林立的亞丁灣和索馬里海域，高揚五星紅旗的中國海軍護衛艦艇，以自己的行動履行著保護人民、維護安全的諾言。

一彈不發退海盜

二〇〇九年五月十四日，晴，海面水天一色，碧藍澄清，戰艦時時有海豚相伴，讓人心曠神怡。此時，「深圳」艦與七艘船舶，成雙路縱隊行駛在這片迷人的海域。然而，官兵們無心欣賞美景，時刻警惕注視著海面。因為這裡就是被稱為「恐怖之海」「海盜樂園」的亞丁灣，猖獗的海盜時時威脅著商船的安全。

伴隨著輕快的螺旋槳聲，整晚都在警戒的直升機組，稍作休息又飛上了藍天，巡邏在整個編隊的前方。

▲ 護航編隊直升機懸停被護商船

「一艘母船拖帶三條小艇,從我編隊左方高速駛來!」五月十四日八時五十分,艦長接到直升機組的報告。作為整個編隊的眼睛,直升機組為護航編隊面對海盜做到「早發現、早判明、早決斷」提供了重要保證,被官兵們親切地稱為亞丁灣上的「空騎兵」,他們有時甚至要單獨面對海盜,執行驅離任務。

「直升機抵近觀察!」查明態勢後,艦長迅速下達指令:「左舵五,兩車進四,『深圳』艦前出查證!通報商船編隊加強警戒!」

海盜就像狼群一樣,一旦鎖定目標就會蜂擁而至。果然,幾分鐘後,在空中巡邏的直升機再次報告:「右舷八點三海里發現一艘母船、十八條小艇高速向編隊駛來。」

左右夾擊,來者不善。從直升機傳回的畫面上,可以清晰地看到,深藍的洋面上,母船遮蓋帆布,近二十艘快艇三五成群,每艘小艇上三五人不等,從不同方向快速向我接近,海面上泛起層層白色波浪……「命令,

『黃山』艦迅速趕來為商船護航，『深圳』艦前出驅離可疑目標！」但是，此時，「黃山」艦正在九海里外漂泊待機，「深圳」艦隻能單獨面對危機。

「進入一級反海盜部署！特戰隊員和反海盜應急分隊做好戰鬥準備！」

「命令，『深圳』艦加速前出，直升機抵近盤旋，特戰隊員艙面準備！」

聽令後，一個個矯健的身影迅速衝向甲板戰位。威武的軍艦犁開海面，高速駛向可疑小艇群，直升機也從空中壓了下來，盤旋在目標頭頂……對可疑目標形成強大的威懾之勢。

這時，雙方距離不足三海里，從直升機傳回的畫面可以清楚地看到，每艘艇上都有四至五名虎視眈眈的海盜，手裡都拿著火箭筒和步槍，不時地指向直升機和戰艦。「做好戰鬥準備！」特戰隊員們「刷」地一下將手中的機槍瞄準海盜們。

剎那間，時間彷彿凝固，氣氛緊張到極點。海盜顯然受到震懾，不敢輕舉妄動。對峙了漫長的二分鐘之後，海盜們紛紛轉向，駛離我護航編隊……

從發現到驅離，整個過程僅僅二十多分鐘。在這二十多分鐘裡，面對威脅，中國海軍護航編隊沉著冷靜，不費一槍一彈，就驅退了海盜。

「驅狼」行動進行時

二○一○年三月十八日，中國「振華」九號商船因為船速過慢，未能按時抵達曼德海峽東部預定海區。為了不致影響其他船舶的航行計劃，編隊決定由「微山湖」艦單獨護送「振華」九號商船。

▲ 即將登機巡航被護船舶

三月二十日九時四十五分，該艦重機槍手正在左舷值瞭望更。突然，左前方海域發現數艘疑似海盜小艇正疾速趕來。「『振華』九號左舷一百六十度方向發現可疑目標！」他迅速將這一情況報告艦上指揮所。

指揮員果斷下令，「微山湖」艦斜插至「振華」九號左側，全力予以保護。

眨眼間的工夫，一撥撥小艇從四面八方，像「餓狼」撲食般疾馳而來。形狀不同、大小不一的小艇時而聚攏、時而分散，向被護船舶步步緊逼壓近。

機槍手目不轉睛地注視著「狼群」的一舉一動，身體緊緊貼著重機槍，身上的每一塊肌肉充盈著力量。

「三海里」「二海里」「一點五海里」……

「進入一級反海盜部署！」十時五分，「微山湖」艦進入戰鬥狀態。

隨著指揮員一聲令下，兩發紅色信號彈直衝雲霄。然而，一群可疑小艇不顧警告，向「微山湖」艦直衝過來，逼近至艦左舷一海里處。

「發射爆震彈、閃光彈！」指揮員果斷下令。小艇仍置之不理。

十時三十九分，衝在最前面的幾艘小艇已接近至「微山湖」艦左舷。指揮員下令使用重機槍進行警告攔阻射擊。

機槍手迅速調整瞄準基線，鎖定目標區域。「嗒嗒嗒……」槍聲響徹海空之間，一道三米多高的白色水牆，阻攔在小艇前方。頓時，空氣像是凝固了一樣，來勢洶洶的小艇迅即「剎車」，「狼群」驟然間雜亂無章，紛紛四散逃離。

或許是「微山湖」艦戰鬥的架式強勢，或許是重武器的亮相給予極大的威懾，小艇漂泊一小會兒，無趣地掉頭逃去。

「微山湖」艦重新調整航向，護衛著「振華」九號繼續前行。

我與海盜面對面

「抵近海盜小艇不到二百米，直升機完全暴露在海盜攻擊射程內！……」這是北海艦隊航空兵某團原副團長劉進坤大校第一次跟海盜正面交鋒，也是他在執行第三批護航任務期間成功解救多艘中外商船中記憶最深刻的一次。以下是他的回憶：

二〇〇九年八月六日十六時，艦上突然警鈴大作，中國商船「振華」二十五號在亞丁灣西部海域遭遇疑似海盜小艇追擊。這是我們進入亞丁灣後首次遇警。

編隊指揮所命令我們立即起飛，前出緊急救援。

一小時二十八分鐘後，直升機飛達目標上空，我發現「振華」二十五

號右舷三到四海里處有七至八艘小艇，正高速向其包圍機動。

「啪，啪……」機上特戰隊員接連發射信號彈示警。可疑小艇毫無反應，依然繼續機動，伺機包圍「振華」二十五號。

此時，我依稀看到每個小艇上都約有八至九個人，小艇都是雙掛機，速度非常快。可能是他們仗著人多，不把孤零零的我護航直升機放在眼裡，依然我行我素。

我立即下放邊距桿，降低飛行高度、加大威懾。八百米、四百米、二百米……海盜近在眼前，直升機已完全處在海盜武器射程範圍內。特戰隊員也早已拉開保險栓，手扣扳機，瞄準海盜。透過擋窗，我們清楚地看到海盜的火箭筒和步槍瞄準著我們，劍拔弩張，生死瞬間。

直升機懸停片刻，我毫不猶豫降低高度，幾乎貼著洋面從海盜頭頂掠過，海面翻騰起強烈的水汽，直升機強大的升力讓海盜小艇在波峰浪谷中搖曳。同時，特戰隊員發射的爆震彈也在半空連續爆響，形成強大的威懾氣勢。

對峙幾分鐘後，一艘可疑小艇再也承受不住壓力，轉向逃離。隨即，其他小艇也緊跟著掉轉方向。為防止海盜再度折回，直升機在商船附近繼續盤旋，直到海盜消失無蹤。確定「振華」二十五號安然無恙後，我們放心地轉向返航。

一天連續擊退三批海盜

二〇一〇年八月二十八日下午，正在執行第二三七批二十一艘船舶東行護航任務的海軍第六批護航編隊，在亞丁灣西部海域連續驅離三批五艘襲擾編隊的疑似海盜小艇。

▲ 被護商船的船員們向人民海軍致敬

　　十四時五十分，「崑崙山」艦在編隊右前方四點五海里處發現，二艘小艇以二十節左右的航速向編隊前方直插。編隊指揮所立即啟動二級反海盜部署，特戰隊員進入戰位，直升機緊急出庫。

　　同時，編隊右側四海里處又發現另外二艘高速駛來的小艇！

　　情況緊急，編隊指揮所當即決策：「崑崙山」艦全速前出，攔阻右前方小艇；「崑崙山」艦和位於編隊左側的「蘭州」艦立即起飛直升機投入驅離行動。幾分鐘後，「崑崙山」艦直升機首先呼嘯而起，右側二艘小艇見狀後隨即停止前進，但右前方小艇仍繼續前行。編隊指揮所立即指揮直升機抵近右前方小艇，並發射爆震彈警告。

　　「崑崙山」艦則全速從編隊右側向前方機動，成功隔離了小艇與商船編隊，使其被迫轉向，並在直升機的驅趕下遠離編隊。與此同時，另一架

直升機則向後掉頭，使用爆震彈驅趕依然在編隊右後側停泊的二艘小艇，直至將其逐至距編隊五海里以外。

十六時十六分，四艘小艇全部離開編隊警戒範圍。

然而僅一個小時後，危險再次來臨。

十七時二十分，又有一艘橘黃色小艇出現在「崑崙山」艦右前方三海里處，並向編隊正前方高速駛來！「崑崙山」艦立刻提速前出，艦載直升機再次起飛。

十七時二十六分，由於小艇持續逼近，編隊指揮所果斷命令「崑崙山」艦特戰隊員使用重機槍進行攔阻射擊。

疑似海盜小艇上的四名乘員在槍響後迅速臥倒，但艇速並未減慢，繼續駛向位於編隊最前方的「海捷」號貨輪。

搭載特戰隊員的直升機飛抵小艇上空，低空盤旋並進行警告射擊，無機可乘的小艇在距編隊不足一海里處轉向逃離。

在護航的三年中，中國海軍累計派出八千四百多名護航官兵、十批護航編隊二十五艘次戰艦、二十二架次艦載直升機，截至二〇一一年十二月二十六日，成功護送中外船舶四〇九批四千四百一十一艘（約 47%為外國商船），接護、解救船舶五十一艘，救助外國船舶四艘，創造了被護船舶、編隊自身百分之百安全的驕人戰績。

二〇一二年二月二十三日至二十四日，由中國海軍發起和舉辦的首次國際護航研討會在南京海軍指揮學院舉行，來自歐盟、北約、波羅的海國際航運公會等國際組織，以及美、英、法、德等二十個國家的八十四名代表參加了本次研討會。會議期間，中國海軍在亞丁灣、索馬里海域三年多的護航行動受到各方讚譽；各方也期待在護航領域與中國展開進一步合作。

▲ 中國海軍護航鳥瞰

　　中國海軍代表建議，各國海軍和國際組織建立信息交流機制，加強行動協調，積極推進實質性護航合作，更好地為世界各國商船服務。歐盟海軍參謀長菲爾·哈斯拉姆上校對記者說：「各國的海軍力量現在已經在這些地區（索馬里、亞丁灣海域）並肩作戰，所以協同合作在具體的執行層面和技術層面是非常值得稱讚的。但像這樣的研討會，它的重要性在於讓各方從更高層面上能達成戰略共識，讓我們更加明確我們的共同目標和我們各自可以發揮的作用。而有了這樣的共識和認識，我們就會有更高效率的合作。」

　　當前，亞丁灣、索馬里海域仍不安寧，中國海軍護航官兵任重道遠。二〇一一年十一月三十日，中國國防部新聞發言人表示，根據聯合國安理會有關決議，中國將繼續派遣海軍護衛艦艇編隊赴亞丁灣、索馬里海域執行護航任務，進一步拓展護航國際合作，為維護國家利益和世界和平做出更大貢獻。

　　「亞丁灣護航，是我國首次使用軍事力量赴海外維護國家戰略利益，

▲ 「徐州」艦在武力營救「泰安口」輪

首次組織海上作戰力量赴海外履行國際人道主義義務，首次在遠海保護重要運輸線安全。」中央軍委委員、海軍司令員吳勝利說。

三年來，中國海軍勇於探索、大膽創新，不斷提高遠洋行動能力，開創了海軍歷史上的多個「第一」：

第一次組織艦艇、艦載機和特種部隊多兵種跨洋執行任務，有效維護了國家戰略利益，充分展現了我海軍完成多樣化軍事任務的決心和能力；

第一次全程不靠港遠海長時間執行任務，刷新了人民海軍艦艇編隊連續航行時間和航行里程、艦載直升機飛行架次和飛行時間的紀錄；

第一次持續高強度在遠離岸基的陌生海域組織後勤、裝備保障，積累了遠海綜合保障經驗……

這一個個「第一」，集中體現了人民海軍六十年發展的成果，向世界展示了人民海軍的風貌。這一個個「第一」，又恰如擺在中國海軍面前的一道道「深藍考題」，引領著中國海軍挺進深藍的鏗鏘步履。

附：中國海軍執行亞丁灣、索馬里護航任務一覽表

批次	時間	實力	完成任務
第一批	2008年12月26日，從海南三亞起航。2009年4月28日完成護航任務回國。	南海艦隊導彈驅逐艦「武漢」號、「海口」號，綜合補給艦「微山湖」號，2架艦載直升機以及數十名特戰隊員組成，編隊共800餘人。	歷時124天，先後為212艘船舶護航，解救遇襲船舶3艘，接護船舶1艘。
第二批	2009年4月2日，從廣東湛江起航。在完成護航任務，訪問印度、巴基斯坦後，於2009年8月21日回國。	南海艦隊導彈驅逐艦「深圳」號、導彈護衛艦「黃山」號、綜合補給艦「微山湖」號、2架艦載直升機以及數十名特戰隊員組成，編隊共800餘人。	歷時142天，先後為393艘船舶護航，解救遇襲船舶4艘，接護獲釋外國商船1艘。
第三批	2009年7月16日，從浙江舟山起航。在結束護航任務後，先後訪問了新加坡、馬來西亞等國，途中停靠香港，12月20日返回舟山。	東海艦隊導彈護衛艦「舟山」號、「徐州」號，綜合補給艦「千島湖」號以及2架艦載直升機和數十名特戰隊員組成，編隊共800餘人。	期間安全護送船舶53批582艘。
第四批	2009年10月30日，編隊從浙江舟山起航，11月12日開始正式護航。在結束護航任務後，訪問阿聯酋、菲律賓等國，途中停靠斯里蘭卡，2010年4月23日，返回舟山	東海艦隊導彈護衛艦「馬鞍山」號、「溫州」號、綜合補給艦「千島湖」號以及2架艦載直升機和數十名特戰隊員組成，編隊共700餘人。2009年12月21日，導彈護衛艦「巢湖」號抵達亞丁灣海域，與第四批護航編隊會合，開始執行護航任務。	期間共為660艘中外船舶提供護航，解救3艘遇襲船舶，接護獲釋船舶4艘。

批次	時間	實力	完成任務
第五批	2010 年 3 月 4 日，「廣州」艦、「微山湖」艦從海南三亞出發。在結束護航任務後，先後訪問了埃及、意大利、希臘、緬甸等國，途中停靠新加坡，2010 年 9 月 11 日返回廣東湛江。	南海艦隊導彈驅逐艦「廣州」號、導彈護衛艦「巢湖」號和綜合補給艦「微山湖」號以及 2 架艦載直升機和數十名特戰隊員組成，編隊共 700 多人。	歷時 192 天，共為 41 批 588 艘中外船舶提供護航。
第六批	2010 年 6 月 30 日，編隊從廣東湛江出發，2010 年 7 月 18 日開始正式護航。在結束護航任務後，先後對沙特、斯里蘭卡、巴林等國進行了友好訪問，2011 年 1 月 7 日返回廣東湛江。	南海艦隊船塢登陸艦「崑崙山」號、導彈驅逐艦「蘭州」號、綜合補給艦「微山湖」號、4 架艦載直升機以及數十名特戰隊員組成，編隊共 1000 餘人。	歷時 192 天，共為 49 批 615 艘中外船舶提供護航，驅離可疑船隻 190 艘，實施解救行動 3 次。
第七批	2010 年 11 月 2 日從浙江舟山起航，2010 年 11 月 22 日接替執行護航任務。在結束護航任務後，先後對坦桑尼亞、南非、塞舌爾等國進行了友好訪問，並停靠新加坡。2011 年 5 月 9 日返回浙江舟山。	東海艦隊導彈護衛艦「舟山」號、「徐州」號，綜合補給艦「千島湖」號，2 架艦載直升機以及數十名特戰隊員組成，編隊共 780 餘名官兵。	歷時 189 天，共安全護送 38 批 578 艘中外船舶，接護遭海盜襲擊船舶 1 艘，營救遭海盜登船襲擊船舶 1 艘，解救被海盜追擊船舶 7 艘，「徐州」艦遠赴地中海為撤離我駐利比亞受困人員船舶護航。

批次	時間	實力	完成任務
第八批	2011 年 2 月 21 日從浙江舟山起航，3 月 7 日抵達巴基斯坦卡拉奇參加「和平-11」多國海上聯合軍演，3 月 18 日接替執行護航任務。在結束護航任務後，先後對卡塔爾、泰國等國進行了友好訪問。2011 年 8 月 28 日返回浙江舟山。	東海艦隊導彈護衛艦「溫州」號、「馬鞍山」號、綜合補給艦「千島湖」號，2 架艦載直升機以及數十名特戰隊員組成，編隊共 800 餘名官兵。	歷時 189 天，共完成 46 批 507 艘船舶護航任務，其中護送世界糧食計劃署船舶 3 艘，接護被海盜釋放船舶 1 艘，解救被海盜追擊船舶 7 艘。
第九批	2011 年 7 月 2 日從廣東湛江起航，中途赴文萊參加了文萊第三屆國際防務展，7 月 23 日接替執行護航任務。在結束護航任務後，先後對科威特、阿曼等國進行了友好訪問，2011 年 12 月 24 日返回廣東湛江。	南海艦隊導彈驅逐艦「武漢」號、導彈護衛艦「玉林」號、綜合補給艦「青海湖」號、2 架艦載直升機以及數十名特戰隊員組成，編隊共 800 餘名官兵。	共完成 41 批 280 艘中外船舶護航任務，其中護送世界糧食計劃署船舶 1 艘。
第十批	2011 年 11 月 2 日從廣東湛江起航，11 月 18 日接替執行護航任務。結束護航任務後，先後對莫桑比克、泰國進行友好訪問，並在香港停靠，向市民開放。		

批次	時間	實力	完成任務
	2012 年 5 月 5 日返回湛江。	南海艦隊導彈驅逐艦「海口」號、導彈護衛艦「運城」號、綜合補給艦「青海湖」號、2 架艦載直升機以及數十名特戰隊員組成，編隊共 800 餘名官兵。	共完成 40 批、240 艘中外船舶護航任務。
第十一批	2012 年 2 月 27 日從山東青島起航。	北海艦隊導彈驅逐艦「青島」號、導彈護衛艦「煙台」號、南海艦隊綜合補給艦「微山湖」號，以及 2 架艦載直升機和數十名特戰隊員組成，整個編隊共近 800 人。	
第十二批	2012 年 7 月 3 日從浙江舟山起航。	東海艦隊導彈護衛艦「益陽」號，「常州」號，綜合補給艦「千島湖」號，2 架艦載直升機及數十名特戰隊員。	

撤僑

　　二十世紀六〇年代，東南亞某國發生大規模「排華」事件。許多華僑被殺害，財產被搶奪。中國政府命令人民海軍緊急執行撤僑任務。為了保證接僑船隻和華僑的安全，海軍南海艦隊先後派出各型艦艇一百一十九艘次、各型飛機一百二十六架次護航，由「南寧」號擔任旗艦的海軍艦艇編隊，順利地完成了此項任務，也成為中國人民解放軍海軍執行撤僑任務的第一次。

▲ 「徐州」艦為撤離在利比亞同胞船舶護航

二〇一一年二月,北非國家利比亞出現動盪,這場發生在地球另一端的亂局牽動著無數中國民眾的心緒。因為在利比亞當地生活居住著大約三點五萬名中國僑胞,隨著當地衝突不斷升級,這些異國他鄉同胞們的生命安全成為了祖國人民最大的牽掛。

在索馬里海域執行護航任務的中國海軍「徐州」艦接到緊急命令後,迅即從曼德海峽南口起航前往地中海。三月一日上午十時許,經過五晝夜多航行的「徐州」艦與載有二一四二名中國撤離人員的希臘「衛尼澤洛斯」號客輪會合,並開始護航。「徐州」艦上的直升機升空盤旋巡邏,為撤僑船隻警戒;特戰隊員嚴陣以待,隨時準備應對突發情況。「徐州」艦一直護送撤僑輪船駛至安全地區,直至三月四日完成任務奉命返航。

當僑胞們在大海上目睹中國軍艦劈波斬浪在身邊護航的那一刻,這場沒有硝煙的軍事行動給予了所有人身為中國公民的自豪。

▍國際人道主義救援

「和平方舟」萬里行

　　「和平方舟」號醫院船是由中國自行研製的世界首艘萬噸級醫院船，戰時能為作戰部隊傷病員提供海上早期治療及部分專科治療，平時可執行海上醫療救護訓練任務，也可為艦艇編隊和邊遠地區駐島守礁部隊提供醫療服務。醫院船的各項硬件設施相當於三級甲等醫院的水平，其採用的減振降噪措施，能有效緩解海上航行的振動和噪音問題，堪稱一座「安靜型」的現代化海上流動醫院，被官兵們譽為駛向大洋的「生命之舟」。

　　二〇一二年八月三十一日至十一月二十六日，海軍「和平方舟」號醫院船滿載中國人民對亞非人民的深情厚誼，執行「和諧使命-2010」任務，行程一萬七千八百海里，歷時八十八天，先後為吉布提、肯尼亞、坦

▲ 「和平方舟」醫院船駛離肯尼亞蒙巴薩港前往坦桑尼亞

桑尼亞、塞舌爾、孟加拉五國民眾和亞丁灣海軍護衛艦艇官兵提供醫療服務。這次任務，共體檢一四一七人、門診一六〇一八人次、收治五十七人、手術九十五例、輔助檢查一三四二五人次。

光明使者

五十三歲的易卜拉欣是從索馬里移居吉布提的普通貧民，三年前不幸患上了白內障，由於單身且家庭困難，不斷加重的病情無法得到及時治

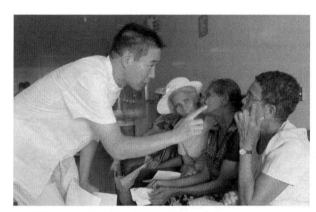

▲ 軍醫在為白內障患者進行術前檢查

療，最終導致雙目失明。

二〇一〇年九月二十六日是易卜拉欣生命中最值得紀念的日子。這一天，在「和平方舟」號醫院船上，當來自海軍總醫院眼科的醫生輕輕為他揭去罩住眼睛的紗布時，易卜拉欣重新見到了久違的光明，並永遠記住了第一個映入眼簾的這位中國醫生的笑臉。他輕輕捧起醫生的手，深情地吻了上去。

在隨後的醫療服務中，類似的一幕不斷上演。中國醫生因為成功幫助一名又一名亞非兄弟重見光明，被譽為「上帝派來的光明使者」。

她的名字叫「中國」

「哇」，隨著一聲嬰兒的啼哭，在孟加拉國東南部城市吉大港海軍醫

院施行手術的中國醫生們感到如釋重負。

產婦叫傑娜特，是當地海軍醫院的文員，懷孕三十六週，需立即進行剖腹產手術。但由於傑娜特患有嚴重的先天性心臟病，當地最好的醫院也無法接診。而要送到首都達卡則需要七八個小時的路程，情況十分危急。中國「和平方舟」號醫院船在當地開展醫療服務的消息讓他們看到了希望。隨醫院船執行任務的海軍總醫院婦產科副主任醫師陳蕾果斷決定，在海軍醫院為傑娜特進行手術。

手術剛進行五分鐘，傑娜特心率出現大幅波動，血壓直線下降，出現休克狀態，手術室內的氣氛頓時凝重緊張起來。始終在一旁觀察病情的心內科專家果斷決定採取對應措施，幫助降低心率。三分鐘後，產婦心率基本恢復正常。隨著一聲響亮的嬰兒啼哭聲，一個體重二點三公斤的女嬰順利出生，母女成功闖過「鬼門關」。

隨後，醫護人員為母女倆進行了連續四十八小時的不間斷監測和陪護，幫助她們度過了危險期。女嬰的父親、在吉大港一家機構做後勤工作的安瓦爾侯賽因喜極而泣。他激動地告訴記者：「當我得知妻子的情況後，擔心得要命，並且已經做好了最壞的準備，沒想到中國醫生救了我的妻子，也救了我的孩子。」

為了表示對中國醫生的感謝，侯賽因當即給剛出生的女兒取名叫「CHIN」（當地語言為『中國』的意思）。

「東方天使」的愛

「和平方舟」上的中國醫護人員都是醫術高明的專業人士，其中，有一位「南丁格爾獎章」獲得者、海軍總醫院總護士長王文珍。她曾率領以

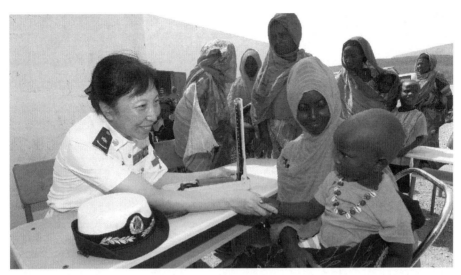

▲ 王文珍與小患者

她名字命名的「王文珍醫療隊」巡診亞非五國，不僅為當地民眾帶去醫療服務，也為他們送上了愛心。一個赤日炎炎的下午，王文珍帶領醫療隊走進肯尼亞一所孤兒院。看到黃皮膚、黑眼睛的中國醫護人員，孩子們有點緊張。一個稍大膽些的男孩子圍著王文珍轉了好幾圈。漸漸地，他被王文珍慈母般的笑容所打動，一下子撲了過來，拿走了王文珍手中的棒棒糖。很快，幾十個孩子圍了過來。王文珍變戲法似的拎出一個大蛋糕，孩子們立刻興奮起來，歡呼著把奶油塗到臉上，直說今天是他們的「中國生日」。

「小燕子，穿花衣，年年春天來這裡……」在訪問塞舌爾的一所小學時，王文珍教學生們學唱這首中國傳統兒歌。孩子們特別高興，個個手舞足蹈。小學的音樂老師還請求翻譯把歌曲譯成英文，並將歌曲錄了音。

在孟加拉，一名智障兒童畫了一幅鬱金香的畫送給王文珍。望著小卡

片畫，王文珍的心情非常激動：三朵美麗的鬱金香，正是代表了「人道、博愛、奉獻」的南丁格爾精神。

王文珍先後為八所聾啞學校、孤兒院、福利院送去醫療服務和健康講座，被當地人稱為「東方天使」。

救援多國商船

中國海軍還先後搶救過英國、挪威、德國、朝鮮、日本、泰國、南斯拉夫、巴拿馬、印度、印度尼西亞等國家的商船和海員，為增進中國人民和世界人民之間的友誼作出了積極的貢獻。

一九六四年四月十六日，英籍商船「克勞福特」號載貨從香港駛往大連，航行至舟山群島東福山海域時，不幸在姊妹島附近觸礁，船體嚴重破損，貨倉大量進水。中國海軍舟山基地迅速派出軍艦前往救援。救援人員

▲ 赴朝鮮大同江為被冰困住的船隻排險

登上商船後，鑽進艙內，潛入水中，排水堵漏，恢復商船的浮力，使該船轉危為安。

一九六七年十二月十三日凌晨，停泊在青島港的希臘籍貨輪「卡里曼」號機房鍋爐艙突然失火。駐青島港的海軍指戰員立即組成一支三百多人的滅火隊進行搶救。當時船上照明線路已經燒斷，機艙內濃煙滾滾、火苗亂竄，油櫃溫度疾速升高。希臘船員告訴翻譯人員，過不了半小時就可能爆炸，部隊應該趕快撤離。可是海軍幹部戰士不顧個人安危，堅持奮戰，終於把火撲滅。該船船長欽佩地說：「世界上很少有這樣一支軍隊，那麼勇敢，那麼不怕死。」

一九八三年十月二十六日凌晨，正在海南島鶯歌海西部中美合作開發區塊作業的美國「爪哇海」號石油鑽井船遭受強颱風的襲擊後失蹤，引起全世界關注。南海艦隊立即派出防險救生船、護衛艦、獵潛艇、拖船等十七艘前往事發海域。經過幾天幾夜與風浪的搏鬥，潛水員下潛到八十多米的海底，終於在十一月三日探明了沉沒的「爪哇海」號的下落。

在過去六十多年的時間裡，人民海軍救助外國商船和海員的感人故事海有許多。僅中國海軍護衛艇二一大隊，從一九六九年十一月到一九八五年，就先後搶救過十四個國家（地區）的傷、病海員三十人。

▌國內搶險救災

　　中國是個自然災害多發頻發的國家，包括人民海軍在內的中國武裝力量經常要擔負人道主義救援的任務，特別是發生在江河湖海地區的災難，海軍更因為有著特殊的裝備和技能而義不容辭。

　　人民海軍自成立以來，就將參加搶險救災、保護人民的生命財產安全作為重要使命。當海上漁船、商船、客輪發生觸礁、擱淺、翻船時，當颱風、寒潮突然侵襲時，當出現旱災、水災、震災以及火災等各種災害時，人民海軍指戰員總是火速奔赴現場，儘力發揮自己裝備技術的優勢，為國家、為人民排憂解難，減少損失。

　　一九五三年，山東、河南、皖北、蘇北出現了嚴重自然災害，千百萬群眾的糧食供應成了問題，需要從「天府之國」的四川轉運。但是，地方上運糧的船隻不足。在這緊急關頭，華東軍區海軍第五艦隊等單位於五月至九月間，共派出艦艇十一艘、輔助船十五艘，將四川的糧食和物資運往

▲ 運輸軍艦穿行在險峻的長江水道上

長江中下游地區。這次運輸途經的航道十分艱險。從重慶到宜昌的長江三峽段兩岸峭壁林立，江面彎曲而狹長，湍急的水流下隱藏著許多礁灘，一般過往船隻稍不留心就有觸礁沉沒的危險，中型以上艦艇航行困難更大。海軍指戰員以頑強的意志和熟練的技術，戰勝了種種困難，完成了運糧任務。一九五六年，東海艦隊又一次派出艦艇前往四川執行了同樣的運糧任務。兩次共運糧食和物資二三四七七一噸，有力地支援了災區人民。

搶救遇險船隻和船員

在搶救海上遇險船隻和船員時，海軍發揮的作用很大。每次海上出現大風、颱風或寒潮時，海軍一面讓艦艇部隊和觀通部隊協助有關部門通報氣象，召回在海上作業的船隻；一面隨時做好準備，派艦艇、飛機出海搶救。

一九五九年四月，有二千多艘漁船在蘇北呂泗海區遇到暴風襲擊，海軍派出艦艇四十八艘次、飛機六架次，救出遇險漁船三十一艘、漁民一百

▲ 中國「925」型打撈救生船

九十餘人。

一九六〇年四月，一場大風暴襲擊了中國四大海區，正在遠海捕魚的八百多艘漁船、四千多名漁民無法返航。海軍派出艦艇五十八艘次、飛機六架次引回和拖回漁船二百六十餘艘，救出遇險漁民五百三十餘人。

一九六一年十二月，遼寧省一批機帆船到舟山漁場捕魚，其中有十一艘船因航線不熟，又遇八級大風，迷失航向，下落不明。海軍艦艇部隊在海上搜索十八晝夜，才將他們一一找了回來。

一九六六年二月下旬，黃河口遭遇七十年不遇的大寒潮，海面結起厚冰，有三百多艘漁船受困。海軍派出破冰船連續四天四夜進行破冰作業，把全部漁船拖帶出冰區。

一九八六年二月，中國遠洋運輸公司天津分公司三艘貨輪被一點六米厚的堅冰凍在朝鮮大同江南浦港。中遠公司徵得朝方同意，請求人民海軍派破冰船前往救援。海軍 C723 號船奉命抵達大同江攔江壩壩口，指戰員連續奮戰了十六個晝夜，將三艘貨輪引出冰區。

奮戰長江洪濤

一九九八年夏，長江流域發生特大洪災。海軍抽調二千六百名官兵分別乘坐飛機從湛江趕赴武漢，隨即轉乘汽車前往抗洪前線。

八月十一日，海軍工程大學潛水搶險突擊隊增援洪湖。潛水隊官兵連續超負荷下潛，摸遍了洪湖、監利一百三十五公里荊江大堤的所有險工險段。在搶險救災的六十多天裡，這支潛水搶險突擊隊共執行任務五十餘次、潛水作業九百三十二人次，下潛四百一十四小時，排除重大險情九十三起，為國家避免了數億元的經濟損失。一九九八年十月，中央軍委授予

▲ 緊急增援湖北抗洪前線的海軍陸戰隊官兵

該潛水分隊「抗洪搶險英雄潛水分隊」的榮譽稱號。

八月二十日，湖北嘉魚縣長江干堤告急。海軍陸戰隊官兵緊急受命，當日深夜進抵嘉魚，迎戰當年長江最大的一次洪峰——第六次洪峰。嘉魚位於長江中游南岸，北接武漢，南近洞庭湖，東連京廣鐵路和一〇七國道。海軍官兵們日以繼夜地奮戰在嘉魚長江干堤險段。到二十二日下午，險情得到控制，大堤轉危為安。

湖北赤壁是著名的古戰場，赤壁鎮二十七公里的長江干堤上建有十四座水閘。但是，這些水閘由於年久失修和長時間的高水位浸泡，閘門和涵洞不堪重負，多處出現滲漏，對大堤內十三萬群眾和十二萬畝良田的安全構成嚴重威脅。八月二十四日，當地政府請求海軍派潛水員前去探摸，幫助排除險情。二十五日上午，四名海軍潛水員首次來到赤壁探摸四座水閘。這些水閘的底部都有一條水平貫穿江堤的涵洞，外側被閘門封閉，洞

內密佈著碎石和鋼筋頭。如果潛水員在裡面作業時發生潛水裝置故障或氣瓶氧氣耗盡等意外，將很難有生還的餘地。潛水勇士置生死於度外，艱難地探摸完了三座水閘的涵洞，查出二處滲透點，為當地防汛指揮部制定正確的搶險決策提供了寶貴的資料。

此後，海軍潛水勇士共在赤壁下潛四十八人次，累計潛水時間十一小時，探摸十二個水閘，探摸涵洞累計達五千米，共探出險情六十八處、排除險情十六處，為確保這些水閘的安全作出了突出貢獻。

汶川抗震救災中的「藍迷彩」

二〇〇八年五月十二日，四川汶川發生八點〇級強烈地震，災區人民

▲ 海軍航空兵緊急出動

生命財產遭到重大損失。地震發生後不久，海軍緊急抽調二千七百五十名官兵，長途行進二千多公里抵達災區投入搶險救災戰鬥，同時組成三支醫療隊和二支防疫隊奔赴災區，將許多傷者從死神手中奪了回來。

▲ 李月在殘奧會開幕式上

「芭蕾女孩」的舞步

九月六日，北京二〇〇八年殘奧會開幕式在國家體育場「鳥巢」舉行。一位坐在輪椅上的殘疾女孩引起了全世界的關注。

她坐在輪椅上，穿著粉色的芭蕾裙。當光柱投射到她身上時，她緩緩張開雙臂，一雙清澈的眼睛裡流露出無限憧憬與陶醉。她用手臂代替足尖，輕點節奏、曼妙而舞。當《波萊羅舞曲》悠然響起，她翩翩起舞，中國「芭蕾王子」呂萌將她高高托舉起，在空中不停地旋轉。飄逸的舞衣，陽光而自信的神情。當「芭蕾王子」將她從輪椅上托起，舉過肩頭時，她蹬直了右腳。此時，人們看到一隻孤獨的紅舞鞋頑強地

▲ 海軍首支醫療隊成功為李月實施首例截肢手術

「站立」在空中，這一刻，震撼了現場所有的觀眾。她叫李月，今年只有十一歲，來自汶川地震災區。

李月是北川縣曲山小學四年級女生，地震發生後，她被壓在廢墟下六十六個小時，左腿被水泥板壓得無法動彈，已經壞死。救援隊員想盡辦法仍無法將她拉出來。時間流逝！分分秒秒都揪著在場所有人的心。這時，餘震不斷，樓房隨時可能完全倒塌。在樓洞的狹小空間裡，在手電筒的微弱光線下，海軍醫療隊的醫生冒著危險為她成功進行了截肢手術，挽救了女孩的生命。在醫療隊阿姨的精心照料下，她恢復了健康。當這位「芭蕾女孩」在二〇〇八年北京殘奧會開幕式上表演《永不停跳的舞步》時，中國為她驕傲，世界為她動容。

二〇〇九年一月十一日晚，「芭蕾女孩」李月特別激動，她被邀請與兩位她最感恩、最愛戴的人共進晚餐。李月穿著漂亮的衣服，坐著輪椅，在媽媽的陪同下來到餐廳，一進門就見到了已經等在這裡的海軍總醫院骨科主任何勍。李月笑著甜甜地叫了聲「舅舅！」媽媽解釋說，李月認為這麼稱呼才親，現在海軍總醫院在汶川大地震中參加搶救李月的醫生們都是她的「舅舅」。

災區上空的遙感測量飛機

當胡錦濤主席、溫家寶總理等國家領導人，第一時間趕到汶川第一線指揮廣大軍民抗震救災時，經常同正奮戰在那裡的黨、政、軍負責人圍在一張張災區地圖前，研究和部署救災工作。這些準確、清晰的地圖，凝結著海軍航空兵指戰員的辛勞汗水。

被譽為「空中科考隊」的海軍航空兵遙感測量飛機中隊，在地震後不

久接到執行遙測任務的命令後，緊急出動遙感飛機，冒著惡劣氣象條件在震區上空進行遙測，共出動飛機二十二架次，飛行一百一十五小時，遙感精確拍攝面積達三萬多平方公里，及時蒐集了完整準確的汶川災後發生巨大變化的地形地貌等方面信息資料，為中國政府指揮汶川抗震救災的科學決策提供了準確數據信息。

國防科研保障

隨著國防尖端科學技術和海洋事業的不斷發展，與友好國家的聯繫日益加強，國家賦予中國海軍的重大任務也逐漸增多。

首航南太平洋，保障運載火箭試驗

一九八〇年五月十八日是個難忘的日子，一艘艘護衛艦在試驗海區布開陣勢，一面面五星紅旗迎風招展，各種雷達天線在不停地轉動，興奮的報告聲接連不斷：「遙測收到信號！」「雷達發現目標！」「跟蹤目標正常！」中國首次由本土向以南緯七度零分、東經一七一度三十三分為中心，半徑七十海里的圓形海域（南太平洋斐濟西北 700 公里），成功地進行了遠程運載火箭飛行試驗。這枚遠程運載火箭，橫跨南北半球，對準預定的濺落點，從天而降。至此，海軍護衛艦隊圓滿完成保障運載火箭試驗的任務，跨越赤道返回北半球，分別於六月一日和二日全部安全返回上海港。這次編隊護航在海上歷時三十五天，往返航行二十三晝夜，總航程八七三三海里。

遠程運載火箭的射程一般在八千公里以上，由於國土面積的限制，無論哪個國家進行全程飛行試驗都是利用公海進行的。這樣遠距離的飛行試驗，除了在地面上要建立為數眾多的測量臺站和大型測量系統外，在火箭箭頭濺落的海域必須有完善的測量船隻；在試驗過程中，必須有足夠的護航、警戒艦艇和相應的輔助船隻；火箭濺落時，必須及時把記錄了飛行試驗中的各種數據的數據艙打撈回收。到南太平洋執行這樣的大型試驗任

▲ 一九八〇年五月十八日，海軍組成特混編隊參加了火箭的飛行試驗。這是特混編隊駛向太平洋。

務，對人民海軍來說有很多的挑戰。

　　海上編隊要東西橫跨經差五十多度、四個時區，南北穿越緯差四十度，經過四個風帶和颱風生成區，往返航程達八千多海里，途中不能停靠碼頭。這給航海、氣象、通信、後勤保障等都帶來一系列的新問題。參試人員來自全國八大系統、四百多個協作單位；裝備複雜，技術含量高，僅一艘測量船就裝備有各式各樣的特種精密儀器設備一一三七臺（套）。這次任務中，許多方面對海軍來說都是「第一次」：第一次組織指揮這樣大的特種混合編隊跨越赤道進入南太平洋；第一次使用中國第一代大型綜合補給船在太平洋上進行補給；第一次使用艦船載直升機在太平洋執行打撈任務。海上特種混合編隊由驅逐艦六艘、綜合補給船二艘、遠洋打撈救生船二艘、遠洋調查船二艘、遠洋拖船四艘、國防科委主測船二艘，共由十八艘艦船和直升機四架組成，分編成測量船隊和護航編隊。護航編隊又分為兩個艦群。海軍第一副司令員劉道生擔任海上特混編隊指揮員。

▲ 艦載直升機飛往打撈區作業

　　自從新華社受權發佈中國將於五月十二日至六月十日進行運載火箭發射試驗的消息後，一些國家不斷派出飛機、艦船對中國海上編隊進行跟蹤、偵察。特別是中國自己設計製造的第一代遠洋綜合補給船和自行研製的橫向補給裝置，成功地給驅逐艦進行了橫向補給，這對提高遠航艦船的生存力和戰鬥力具有重大意義，一些國家對此很感興趣。X615 號和 X950 號船每次實施海上補給時，幾乎都有外國的飛機、艦船前來觀察、拍照。新西蘭「莫諾韋」號調查船曾發來信號：「我對你們的『操演』很感興趣，請允許我在你右舷航行觀看。」護衛艦群根據編隊指揮部的命令，友好地邀請一些外國船長到中國軍艦上作客。

　　五月十八日，中國研製的第一枚遠程運載火箭從酒泉發射基地騰空而起，飛行約半個小時，橫跨南北半球，對準預定的濺落點從天而降。十時三十分，數據艙濺落海洋，釋放的染色劑使附近海面一片翠綠。中國海軍驅逐艦和工作快艇立即高速前往，嚴密保護。一七九號航測直升機在二千米高度發現目標後，迅速拍攝了箭頭落點照片，同時判明了數據艙的位

置，及時引導一七二號直升機冒雨飛了過去，穩穩地懸停在數據艙上空。從吊放潛水員下水到將數據艙打撈上來，只用了五分二十秒。

此後不久，美國駐華使館武官在與中國海軍有關領導會面時，拿出美軍偵察機在太平洋上拍攝的中國海軍海上航行補給的照片後說：「你們解決了海上補給，中國海軍艦隊可以訪問我們的國家了。」

創建南極長城站

一九八四年十一月二十日至一九八五年四月十日，中國首次組織船隊去南極洲，建成了中國第一個科學考察基地——長城站。這也是中國歷史上第一次派出海軍到達南極。

南極洲是當今世界上唯一沒有土著居民和樹林生長的大陸。它沉睡在地球的最南端，蘊藏著極為豐富的礦產和海洋生物資源，對世界各大洋的環境也具有重大影響。二百多年間，各國航海家和科學工作者不斷前去探索它的奧秘，其中不少人獻出了寶貴的生命。至一九八四年底，已有十八個國家先後在南極建站。

一九八一年五月，國務院批准成立中國南極考察委員會，逐步開展考察南極的各項籌備工作。一九八四年七月，經國務院、中央軍委批准，由國家南極考察委員會進行綜合考察。南極考察編隊由國家海洋局「向陽紅」十號遠洋科學考察船和海軍 J121 號打撈救生船組成。參加執行這次遠航任務的海軍官兵共三百零八人。

J121 號船是中國自行設計製造的遠洋打撈救生船，一九八二年服役。船長一百五十六米，寬二十點六米，滿載排水量一點二萬噸，續航力一點八萬海里，抗風力十二級。海軍的任務是運輸物資器材，參加建站，

擔負海上援救、航海實習等，並順訪阿根廷的烏斯懷亞港、智利的彭塔阿雷納斯港。

　　一九八四年十一月二十二日六時三十分，考察編隊踏上征途，開闢中國通往南極的航線。這是一條漫長而艱險的航程，往返二點二九餘萬海里，相當於繞地球一週以上。出航前，J121號船按照指揮組精心選擇的航線，查閱了沿途有關氣象資料，詳細地測算了各種情況下的船體穩性和抗風力，並繪製了動靜穩度曲線，對船上的貨物，如汽車、鏟車、吊車、空壓機、推土機、油罐、發動機等體積龐大的笨重物資都列有重量、重心位置的部署圖。編隊經日本奄美大列島的寶島水道，跨越太平洋，進入大西洋，向南極洲挺進，跨越緯差九十四度、經差一百八十二度，闖過兩個颱風生成區、數個島礁區和「咆哮的西風帶」，戰勝了進入西風帶後遭到的大湧浪，特別是正確處置和排除了航渡中發生的右主機第一冷卻水套管支架斷裂、套管脫落的機械故障，順利地通過了被人們稱為「航海家的墳

▲ 中國長城站落成典禮

▲ J121 船抵達南極

墓」的德雷克海峽，於一九八四年十二月二十六日凌晨駛進了南極喬治王島民防灣，勝利地完成了航渡任務。

在突擊建站的戰鬥中，海軍官兵和考察隊員一起泡在齊胸的冰水裡，用五天時間就建好了原計劃八天建成的簡易裝卸碼頭。一九八五年一月二十日，海軍突擊隊七十多名隊員和部分考察隊員組成施工隊，在統一指揮下，突擊主體工程。海軍突擊隊員們發揮了各自的專長，擔任了設計員、繪圖員、雕刻工、電焊工、木工、鐵工，還有搞爆破的「工兵」。從破土開工到裝修完畢，主體工程二十五天建成，整個長城站四十五天竣工。

考察隊隊員誇獎說：「海軍技術力量雄厚，什麼人才都有，培養的確實是軍隊、地方兩用人才！」

一九八五年二月二十一日，正當祖國人民歡度新春佳節的時刻，喬治王島上中國長城站橘紅色的主體建築物前，四百多名考察隊員和海軍官兵隆重舉行了落成典禮，慶祝中國第一個南極考察站勝利建成。會場正中放著鄧小平「為人類和平利用南極作出貢獻」的題詞銅匾。慰問團團長武衡宣讀了國務院的賀電。智利、阿根廷、巴西、波蘭、蘇聯、烏拉圭等國南

極考察站的正副站長也應邀參加了落成典禮。新落成的長城站內裝有各種氣象、通信儀器和電子計算機，站外豎立著三米高的刻有「中國人民解放軍海軍三〇八名官兵首次赴南極紀念」的大鐵錨。

南沙永暑礁建立海洋觀測站

一九八六年，中國在聯合國海洋學委員會的會議上提議，為了進行全球性的海平面聯測，應該在中國南沙海域設立一個海洋觀測站。這一提議得到了世界各國的支持，並很快被世界海洋組織所採納，將該站定為全球海平面觀測系統的第七十四號站。

一九八七年四月二十日，在法國召開的聯合國教科文組織政府間海洋學委員會第十四屆大會上，提出了全球海平面觀測網計劃，要求中國建立五個海洋觀測站，其中在南沙、西沙各建一個，所獲測量資料共同享用。其中特別標明要在中國南沙群島建立觀測網站，並註明該站及所在島礁由中華人民共和國管轄。

五月十五日，由四十四名中國海洋專業技術人員組成的南沙群島考察隊，乘「向陽紅」五號海洋科學調查船赴南沙海域進行海洋站選點勘察。勘察工作持續了二十三天，航行二一五三海里，進行了地形、地質、水文、氣象、化學、生物等方面的調查，特別對位於南沙群島西南部的永暑礁進行了認真的勘察。

永暑礁位於北緯九度三十二分、東經一一二度五十三分，呈長橢圓形，整個礁盤長十四點五海里、寬四海里，中部為一瀉湖。環礁四周散佈有大小近十個乾出礁盤。永暑礁距海南榆林港約五百六十海里，礁盤成東北西南走向，位於南海中央航線（香港至新加坡）和南華水道（南海中一

▲ 中國永暑氣象觀測站

條東西向、長約 280 海里的深水道）交匯處。

由於永暑礁地處交通要沖，海區寬闊，礁盤平坦，地質基礎好，礁沿有成排或片狀礁石，起消波作用，礁盤南部水域可以拋錨繫泊，因此根據勘察分析，這裡最終被確定為適合建站的地點。

海軍根據國務院和中央軍委的決定，於一九八八年二月到八月在南沙群島永暑礁建起了一座海洋觀測站。永暑礁海洋觀測站的建成，將使中國對全球海平面測量工做作出自己的貢獻，對今後進行海洋科學研究，開發利用海洋資源，都具有重要意義。

一九八八年二月一日至七日，東海艦隊派出的九二九號登陸艦，南海艦隊八三三號船，南浚六一三號、六〇九號船，南駁四十二號、四十五號船和登陸艇八五三五號，以及交通部上海救撈局的浮吊船「大力」號、半

潛駁船「重任」一號等共十一艘艦船，滿載著施工人員和建站器材，陸續抵達水暑礁。海軍派出作戰艦艇和大型輔助船，對大觀礁、華陽礁、東礁、南礁、赤瓜礁、瓊礁、奈羅礁、渚碧礁等十一個島礁進行了實地考察，同時派出飛機，加強了對南沙海區的巡邏。

經過半年的艱苦努力，一九八八年八月二日，中國在南沙建立的第一個永暑礁海洋觀測站勝利竣工。一座總面積一千多平方米的兩層樓房，聳立在南海前哨，五星紅旗在樓頂高高飄揚。站內裝備了一套先進的儀器，能自動觀測記錄水位、波浪、水溫、鹽度、風向、風速、氣壓、氣溫等各種水文氣象參數，還能將各種氣象數據通過電子計算機進行處理、貯存、

▲ 南沙礁盤上的高腳屋

打印，並及時通過衛星發往國內外氣象組織，為各國來往船隻提供可靠的航海保證。

海軍在建站的同時，還在渚碧礁、赤瓜礁、華陽礁、南薰礁和東門礁等五個礁上，建成了能抗十二級風力的半永久性的高腳屋，並派人駐守。

南沙海洋站建成後，觀測人員和海軍指戰員定期輪換上島工作。他們既要經受酷熱高溫的考驗，又要遭受颱風的襲擊。就在建成後的當年十一月，觀測站就經受了十二級颱風的考驗，大風伴著巨浪瘋狂地衝向觀測站，但各種觀測工作一直堅持正常進行，獲得了準確可靠的海洋環境狀況資料。二十多年來，永暑礁上的中國海軍官兵和科技人員日復一日地對南海上的風向、風速、潮位、氣溫等二十多個要素進行認真測量，提供準確的氣象和海況預報。該站已先後向聯合國教科文組織和國內氣象部門提供水文氣象數據一百四十多萬組，創造了連續七千多天無差錯的記錄，受到聯合國教科文組織和國家海洋局的高度稱讚。

跟蹤測量通信衛星

一九八四年四月八日，中國發射了試驗通信衛星。四月十六日，衛星成功地定點於東經一二五度赤道上空，衛星上儀器設備工作良好，通信、廣播和電視傳輸等試驗均工作正常。

為了完成通信衛星的發射任務，從國內發射場到南太平洋衛星入軌位置的六千多公里的航區，需要在海上建立若干個跟蹤測量站。這種站分別建立在三艘裝備有各種精密儀器的遠洋測量船上，負責海上飛行階段的彈道測量和遙測任務。發射及測量時間的統一精度，是以毫秒、微秒計算的。

海軍南海艦隊 J506 號船執行跟蹤測量任務。J506 號船是中國自行製造的一艘萬噸級遠洋救生船。接受任務後臨時編入國防科工委所屬遙測船大隊，臨時改舷號為「遠望」三號。這次接受新任務後接連兩次到太平洋測量點作調查試驗。兩次遠航太平洋，前後八十多天，弄清了海區情況，進行了遙測、通信的聯調，一切良好，這才進入了發射通信衛星前的直接準備。一九八四年三月二十六日，接到發射指揮部命令，J506 號船第三次向太平洋進發，三月二十九日凌晨二時順利到達待機點。四月八日十四時，進入發射前的五小時準備。由於船上各個崗位配合默契，J506 號船正點準確進位。衛星發射指揮部要求 J506 號船所在的測量點測出目標飛越本船上空五分鐘的有關數據。結果從發現目標到目標消逝，跟蹤的時間超過了要求時間的一倍多，圓滿地完成了任務。

第八章

友誼的航跡

德國威廉市是一個只有幾萬人口的小鎮。二〇〇一年深秋的一天，寧靜的小鎮突然熱鬧起來，大家紛紛趕往港口的海軍基地，人群中還有從外地來的學生和華人。原來是中國軍艦出訪歐洲四國，停留在此，對市民開放一天，請大家自由參觀。

　　這次出訪，中國海軍每到一處都受到當地政府、海軍和民眾的歡迎，無論對中國士兵，還是當地民眾，都是一次極好的機會來增進相互的了解。

　　海軍是國際性軍種，各國海軍之間的交流和互訪活動十分頻繁。一九八〇年代以來，中國海軍日益開放，通過艦艇互訪、海上聯合軍演、海軍領導人互訪、雙邊軍事磋商、多邊海軍論壇、軍事學術交流、多國海軍活動等多種方式和途徑，不斷增進與世界各國海軍的了解、信任與友誼。

中國軍艦出訪

軍艦是流動的國土，艦艇出訪向來被認為是軍事外交的重要組成部分，也是一個國家海上實力的綜合體現。中國海軍在張開雙臂迎接世界的同時，也在不斷將自己的友誼航跡延伸到世界各地。作為和平和友好的使者，自一九八五年中國海軍艦艇編隊首次出訪開始，每年都派艦艇編隊出國訪問，進入新世紀後，中國艦艇編隊的出訪更加頻繁，航跡已遍及五大洲三大洋五十多個國家。

希望你們以後常來——中國軍艦首次出訪南亞三國

自從一九四九年四月中國人民解放軍海軍誕生後的相當長時間裡，中國海軍從未走出過國門。一九五六年蘇聯太平洋艦隊三艘軍艦訪問中國上

▲ 一九八五年十一月二十九日中國海軍軍艦首次進入印度洋

▲ 聶奎聚在隆重的歡迎儀式上檢閱巴基斯坦海渾儀仗隊

海時，就曾向中方發出邀請，希望中國派出艦艇訪問蘇聯。但那時，由於裝備落後，派不出像樣的軍艦，已有的軍艦也經不起狂風巨浪、遠渡重洋的航行，因此人民海軍在建立後的三十多年中沒有派艦出國訪問。

一九八五年，中國海軍由「合肥」號導彈驅逐艦和「豐倉」號綜合補給船組成的編隊出訪巴基斯坦、斯里蘭卡、孟加拉三國，這是中國人民解放軍海軍艦艇編隊首次出訪。十一月十六日，出訪編隊在東海艦隊司令員、編隊總指揮聶奎聚的率領下從上海吳淞軍港起航，經過數天航行，於二十九日下午十六時進入印度洋。這是人民海軍首航印度洋，按照海軍的習慣，舉行了紀念儀式，並進行了莊嚴的海上閱兵。

編隊訪問的第一個目的地是巴基斯坦的卡拉奇。卡拉奇港是巴基斯坦最大的海港，港寬水深，可泊萬噸輪，也是巴基斯坦海軍基地。十二月八

日晨，當中國海軍艦艇編隊駛至距卡拉奇二十海里時，同前來迎接的巴基斯坦海軍二艘獵潛艇會合。在巴海軍編隊的護航和引導下，中國海軍編隊在二十一響禮炮聲中駛進卡拉奇港。碼頭上彩旗飛舞，巴基斯坦海軍基地司令等列隊迎接，軍樂隊高奏中巴兩國國歌。當中國海軍官兵們乘小艇上岸時，身著充滿南亞風情服裝的巴基斯坦官員、水兵、婦女、兒童，用微笑、鮮花迎接中國客人的到來。

巴基斯坦海軍代理參謀長馬立克中將在會見聶奎聚司令員時說：「中國海軍把巴基斯坦作為首次出訪的第一個國家，這就是巴中友誼的最好證明。」

在巴基斯坦水兵訓練中心的走廊裡，中國海軍官兵們驚訝地發現有這樣的標語：「要學東西，請到中國去！」該訓練中心負責接待的一名中校說：中國朋友實心實意，援助的裝備都是好的，巴基斯坦人非常感激，也非常高興看到中國日益強大。

▲ 聶奎聚等參觀孟加拉海軍軍艦

十二月十八日，在結束巴基斯坦卡拉齊訪問後，中國海軍艦艇編隊抵達此次航行的第二站——斯里蘭卡科倫坡。中國海軍官兵在科倫坡參觀新議會大廈時，正值斯里蘭卡總理召集部長們開會。聽說中國客人來了，他們破例中止會議，讓中國海軍官兵進去參觀。陪同參觀的斯里蘭卡工作人員說：中國人民對我們的支持和援助從來都是無私的。班達拉奈克國際會議大廳和康堤熱帶植物園裡周恩來種下的紫薇樹，讓斯里蘭卡人民永遠記住中國人民的深情厚誼。斯里蘭卡國防部常務秘書說，早在十五世紀，貴國的鄭和就率領船隊來到斯里蘭卡，播下了中斯兩國人民友好的種子。斯里蘭卡海軍司令西爾瓦則說：「中國海軍建立三十六年才首次出訪，這讓我們盼得太久了，希望你們以後常來。」

單艦橫渡太平洋——「鄭和」艦首訪美國夏威夷

一九八九年四月十二日上午，美國夏威夷，當天的氣候十分宜人，風和日麗。隨著海面傳來一聲響亮的汽笛聲，中國海軍訓練艦「鄭和」號徐徐駛入珍珠港。這是珍珠港迎來的第一艘人民海軍軍艦。

這艘軍艦以偉大的航海家鄭和命名。六百多年前，鄭和帶領當時世界上最龐大的船隊七下西洋，遍訪三十多個國家和地區，開創了海上友好往來的成功範例，在世界航海史上寫下了光輝一頁。

「鄭和」艦是三月三十一日從青島起航的。率「鄭和」艦出訪的指揮員是北海艦隊司令員馬辛春海軍中將，艦上共有官兵二百五十人。四月八日上午，「鄭和」艦越過國際日期變更線，成為進入西半球的第一艘人民海軍艦隻。四月十日，「鄭和」艦與駛出二百七十海里前來迎接的美國導彈驅逐艦「英格索爾」號在公海會合。十一日，「鄭和」艦由美艦伴隨引

▲ 美國太平洋艦隊司令傑里邁亞海軍上將迎接來訪的「鄭和」艦

導，向珍珠港駛去，艦首懸掛著象徵友誼的紅色花環。

　　入港時，雙方各鳴禮炮二十一響。在港內停泊的美艦上，艦員列隊向中國海軍致敬。美海軍太平洋艦隊司令傑里邁亞海軍上將、太平洋總部副司令卡恩斯中將、太平洋艦隊陸戰隊司令戈弗雷陸戰隊中將、第三艦隊司令多塞海軍中將、夏威夷州州長韋希先生等軍政官員和當地各界人士、華人團體代表等數百人到碼頭迎接。當晚，傑里邁亞上將還特別設家宴款待遠道而來的中國客人。

　　為答謝美方的盛情接待，隨訪的海軍文藝工作者先後在珍珠港水兵俱樂部、瓦基基海灘公園分別為美軍官兵、華人社團和市民舉行了慰問演出。

　　中國海軍官兵參觀了美軍艦艇、訓練中心、海軍航空站、海軍陸戰隊、潛水和救生打撈中心等，還參觀了在太平洋戰爭中被日本飛機炸沉的

美軍「亞利桑那」號戰列艦紀念館。美軍官兵也參觀了「鄭和」艦。中美雙方官兵進行了籃球友誼比賽和野餐聯歡會。

四月十八日，「鄭和」艦圓滿結束友好訪問啟程回國。

「鄭和」艦單艦橫渡太平洋，持續航行十二晝夜順利駛抵夏威夷進行友好訪問，引起當地輿論強烈反響。傑里邁亞海軍上將稱：「中國海軍已擁有遠洋能力，並開始向藍水海軍方向發展。」當地報紙、電視臺對訪問活動均作了突出報導。此次訪問，恰逢華人移居夏威夷二百週年，夏威夷州州長談及訪問的意義時說：「中國人民解放軍海軍軍艦的來訪，為這次華人移居夏威夷二百週年紀念活動增加了活力，是全體華人的一件大事，也是夏威夷州的一件大事。」

此後，「鄭和」艦多次作為中國海軍的和平使者，出訪國外。「鄭和」

▲ 出訪官兵參觀美國海軍珍珠港基地潛水訓練中心

艦是中國自行設計製造的第一艘海軍遠洋航海訓練艦，一九八七年四月正式服役，截止二〇一二年四月已航行逾二十八萬海里。二〇一二年四月十六日，「鄭和」艦在海軍副參謀長廖世寧海軍少將的率領下，從旅順港出發，單艦獨立開始了人民海軍的第二次環球遠航，這也是「鄭和」艦服役以來的第十次出訪。在艦上參與遠航的不僅有中國海軍三百多名官兵，還有十三個國家的海軍學員。「鄭和」艦計劃用五個月時間航行三萬多海里，沿途訪問越南、馬來西亞、印度、意大利、西班牙、加拿大、厄瓜多爾、法屬波利尼西亞、湯加、印度尼西亞、文萊等十一國，停靠吉布提、牙買加、澳大利亞的港口。「鄭和」艦服役二十五年來，航跡遍佈世界三十多個國家的四十多個海區和港口，成為中國海軍對外交流的重要窗口。

最遠的航行──人民海軍首次環球航行

二〇〇二年，中國海軍「青島」號導彈驅逐艦和「太倉」號（今「洪澤湖」號）綜合補給艦組成的環球航行訪問編隊，攜五〇六名官兵，在北海艦隊司令員丁一平海軍少將的率領下，應邀前往新加坡、埃及、土耳其、烏克蘭、希臘、葡萄牙、巴西、厄瓜多爾、祕魯和法屬波利尼西亞等十個國家十個港口，進行友好訪問。

此次環球航行共歷時一百三十二天，航程三點三萬多海里，橫跨印度洋、大西洋和太平洋，遠涉亞洲、非洲、歐洲、北美洲、南美洲、大洋洲，通過十五個海峽水道、二十二個海或海灣、四十五個群島，跨越六十八個緯度，六次穿越赤道，七次成功地避開了大風浪和強低壓氣旋的影響，填補了中國在世界環球航行史上的空白。

每次停靠碼頭，編隊都會舉行甲板招待會，在埃及，十四個國家駐埃

▲ 環球航行中官兵們在大西洋赤道拋擲漂流瓶

及大使登艦參觀和十個國家駐埃使節出席了甲板招待會。同時編隊還開放接受當地民眾參觀。在巴西的福塔萊薩港，烈日下排隊參觀中國出訪艦艇的隊伍排了二公里，三天累計參觀了三萬多人。

在中國海軍環球航行艦艇編隊的官兵中，四名英姿颯爽的女軍人格外引人注目。艦艇編隊每到一個港口，她們的出現總能引來當地人驚羨的目光。每次停靠碼頭訪問期間，在甲板招待會或慰問演出中，她們都用自己優雅的風度、良好的素質向世界展示著中國女兵的風采。訪問埃及時，中

國駐埃使館在亞歷山大港舉行歡迎晚宴，埃及社會名流及各國使節應邀出席。晚宴上，女兵郝琨的一曲古箏技驚四座。各國使節夫人紛紛圍著郝琨，邊觀摩邊現場學了起來，芬蘭大使夫人還和著音樂的節拍即興起舞。

六月二十五日，中國海軍環球航行艦艇編隊來到了位於克里米亞半島南端的塞瓦斯托波爾港。塞瓦斯托波爾不愧是一座著名的英雄城，隨處可見的雕像和各種紀念碑都在敘述著它輝煌的過去。烏克蘭海軍總司令葉熱列上將應邀到中國軍艦上出席丁一平司令員為他舉行的宴會。

看到餐桌上精美的菜餚，葉熱列海軍上將非常高興。當他了解到面前的中國飲食文化傳統工藝——果蔬雕刻是用紅白蘿蔔製作時，感到非常驚異。得知製作者就是「青島」艦廚師、二十九歲的士官武志良時，他提出要見一見。很快，小武來了，左手拿著雕刻刀，右手拿著一個大蘿蔔。「喇喇喇」幾下，不一會兒，一隻精美的和平鴿就呈現在大家面前。小武把它送給了海軍上將。葉熱列海軍上將熱情地一把抱住他，並伸出大拇指，連聲稱讚他了不起，還敬了小武一杯酒。

葉熱列海軍上將說：「在烏克蘭，一名將軍是有權力給成績突出的士兵晉銜的。能製作出這麼精美的藝術品的士兵，應該立即給他晉銜。」他又問丁司令員：「你有沒有權力給他晉銜？」丁司令員一邊笑著點頭，一邊幽默地說：「如果每到一個國家他就晉一次銜，那麼等環球遠航結束時，他就要領導我了。」

在足球大國巴西，中巴海軍在福塔萊薩港舉行了一場歡樂的足球聚會。中國編隊足球隊由「青島」號導彈驅逐艦和「太倉」號綜合補給艦上酷愛足球運動的官兵組成。巴西海軍水兵訓練學校足球隊由該校學員和教職員工組成，隊員們秉承巴西足球的傳統球風，曾多次戰勝來自足球強國

▲ 巴西民眾在福塔萊薩排隊等候登上中國軍艦參觀

的歐美國家海軍艦艇編隊足球隊。

當天下午十六時許，比賽拉開序幕。巴方採用巴西隊慣用的四四二陣型，其隊員依仗細膩的腳法和流暢的配合，頻頻向中方球門發起進攻。中方則以五四一陣型應戰。比賽開始後，巴方幾乎完全控制了場上局勢；中國隊員不畏強手，越戰越勇，技戰術水平得到了超常發揮。觀眾席上人山人海。巴西海軍水兵組成的啦啦隊跳著桑巴舞，喊著號子，為雙方隊員的精彩表現加油助威。最終，雙方以一比一戰平。

這次海軍艦艇編隊環球航行訪問，在中國海軍史上是第一次。

和諧海洋的「圓舞曲」

白色的海軍禮服，藍色的披肩，勻稱的體態，專業的演奏，中國海軍軍樂團的年輕戰士是海軍的驕傲。這支軍樂團經常隨同海軍出訪，在茫茫

▲ 中國海軍軍樂隊在悉尼歌劇院廣場演出

　　的大海上遠航時，他們會在甲板上舉辦小型音樂會，為戰友們解除疲乏。
每到一地，他們就會成為友誼的使者。因為音樂是溝通心靈的紐帶，可以
跨越語言和國界的障礙，讓陌生的人們相互靠近。

　　成立於一九八六年的中國海軍軍樂團曾隨編隊出訪數十個國家，為各
國人民和軍隊演奏數百場次，並先後與美國、俄羅斯、英國、德國、意大
利和澳大利亞等國二十多個高水準的軍樂團進行交流和聯合演出。

　　中國海軍軍樂團的演出有自己的「絕招」，他們在演奏樂曲時，同時
進行隊列表演，給人以奇妙的藝術享受。每次表演，都能引來陣陣掌聲。

　　一九九七年，中國海軍軍樂團隨軍艦前往美國夏威夷訪問。到達當
天，中國海軍軍樂團就來到美國太平洋艦隊軍樂團駐地，與他們一起排

練。十一年前的一九八六年，美國太平洋艦隊首次訪華時，成立僅八個月的中國海軍軍樂團，就曾與他們同臺演出，美軍長號手約翰還珍藏著當年的演出照片。

一九九七年三月十一日，中美兩國海軍軍樂團舉行廣場音樂會，聯合演奏了樂曲《越過海洋的握手》。兩支樂隊，兩個指揮，卻配合像一支樂隊。全場掌聲如潮。美國太平洋艦隊司令克萊明斯海軍上將特意上臺向樂手們致意。

音樂超越語言，成為和平的紐帶，軍樂團帶來的和諧信號，是最為誠摯和直接的。一九九八年四月，中國海軍軍樂團在新西蘭與著名的新西蘭皇家海軍軍樂團聯合演出，又一次大獲成功。告別晚宴上，新西蘭皇家海軍軍樂團演奏了新西蘭歌曲《再見》，向遠道而來的客人們道別。中國海軍軍樂團馬上響應，奏響名曲《友誼地久天長》。在樂聲的感染下，剛剛結識的人們擁抱在一起，彷彿老朋友一樣親切。

在菲律賓出訪時，正好碰上菲海軍建軍一百週年慶典活動，中國海軍軍樂團應邀出席中國大使館為各國武官舉行的招待會。菲律賓海軍司令桑托斯海軍中將原計劃只參加十分鐘的招待會。但當中國海軍軍樂團一曲奏罷，他舉著酒杯來到樂隊指揮李星面前，高興地說：「你們是我見到的最好的樂隊，演奏的樂曲讓我著迷，我決定推遲開會，看你們的演出！」晚會進行了一個多小時，桑托斯海軍中將一直興致高昂。

「願我們的軍艦成為和平的方舟，世界從此不再有戰爭！」這是中國海軍軍樂團經常會說的祝福語。而《友誼地久天長》是他們最喜歡演奏的曲目，幾乎每次都會用這首優美抒情的樂曲作為壓軸節目。

▌外國軍艦來訪

　　軍艦作為友好使者對他國的訪問，是各國外交的重要形式。中國海軍在越來越多地派出艦艇出訪的同時，也接待了越來越多的外國軍艦來訪。六十多年來，共有五十多個國家的三百多艘艦船訪問了中國的上海、青島、湛江和廣州等港口城市，增進了中外海軍的了解和友誼。

兩位小公民的命名 —— 蘇聯艦隊首訪上海

　　一九五六年六月二十日至二十六日，應中國政府邀請，蘇聯海軍太平洋艦隊的三艘軍艦訪問上海。這是中華人民共和國成立後首次接待外國海

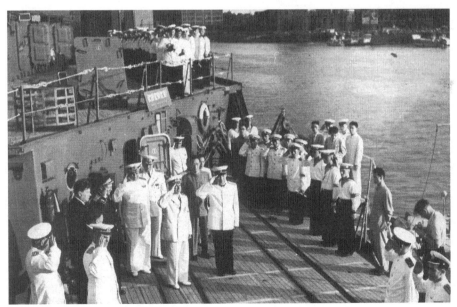

▲ 肖勁光司令員參觀來華訪問的蘇聯軍艦

軍艦隊來訪。

　　訪滬的蘇聯艦艇編隊由太平洋艦隊司令切庫洛夫海軍中將率領，包括巡洋艦「德米特里·巴熱爾斯基」號和驅逐艦「智謀」號、「啟蒙」號共三艘軍艦及官兵二一八三人。三艘軍艦都是五〇年代初期蘇聯建造的當時最新型軍艦。

　　中國海軍負責迎接的是護衛艦第六支隊的「南昌」艦，這是當時中國海軍擁有的最好的軍艦。

　　二十日凌晨，「南昌」艦由吳淞碼頭起航。拂曉，雷達搜索到蘇聯海軍巡洋艦的蹤影，雙方迅速接近。距離二十鏈時，「南昌」艦鳴禮炮十九響，信號兵迅即掛出「歡迎光臨，恭賀順利到達」的旗號。接著，蘇聯編

▲ 蘇聯太平洋艦隊一艘輕巡洋艦和二艘驅逐艦訪問上海

隊旗艦也回敬了禮炮十九響，海面上傳來一片「烏拉」聲。

六時許，中國海軍東海艦隊副司令員彭德清海軍少將等乘魚雷艇登上了蘇聯編隊旗艦「德米特里・巴熱爾斯基」號巡洋艦，蘇聯海軍編隊切庫洛夫司令在甲板上迎接。隨後，在「南昌」艦的引導下，「智謀」號在前、「啟蒙」號殿後，編隊經長江口駛進黃浦江。

二十日下午，專程來滬的中國海軍司令員肖勁光海軍大將登上了蘇聯巡洋艦「德米特里・巴熱爾斯基」號的甲板，切庫洛夫司令在梯口恭候致禮。肖勁光司令員在軍樂聲中檢閱了蘇軍儀仗隊。切庫洛夫在艦上宴請了肖勁光，並代表列寧格勒軍政學院給肖勁光頒發畢業證書（肖勁光曾在該院學習過 2 年）。

此後，包括切庫洛夫在內的四名蘇聯艦隊將領在彭德清副司令員的陪同下乘專機到達北京，先後受到了國防部長彭德懷元帥和國務院總理周恩來的接見。上海市政府和東海艦隊向蘇聯海軍官兵贈送了中國的工藝品，贈送給水兵們的禮物是鋼筆和手錶，這在當時的中國可是奢侈品。蘇聯水兵對中國的禮物一個個都愛不釋手。

蘇聯艦隊在滬期間，中蘇進行了友好互動。上海市舉行了有一萬三千多名軍民參加的歡迎大會和群眾性的遊園會、聯歡會，六千餘人應邀登上蘇艦參觀和觀摩，蘇聯官兵也應邀參觀了中國的軍艦、工廠、學校和農業生產合作社等十九個單位。部分蘇聯官兵還在中方接待人員的陪同下，遊覽了浙江杭州等地。蘇聯艦隊歌舞團在上海先後舉行了三場文藝演出，上海文藝工作者也為蘇聯艦隊官兵演出了戲曲、音樂、雜技等一百多個優秀節目，並請蘇聯客人觀看中國電影。雙方還進行了足球、籃球、排球等多種友誼比賽。參加上述各項活動的上海軍民合計近十七萬人次。

在蘇聯海軍友好訪華艦隊進入上海的當天，即六月二十日凌晨，上海市陸軍醫院職工夏桂芝生下了一對雙胞胎男孩。而孩子的父親正好是當時負責訪滬艦隊接待工作的一名地方幹部。為了紀念蘇聯海軍的來訪，父母給他們的雙胞胎以蘇聯海軍二艘來訪的驅逐艦的名字為名，即「智謀」和「啟蒙」。

東海艦隊首席蘇聯顧問普洛琴柯和蘇聯訪華艦隊司令切庫洛夫兩位將軍得知此事後都很興奮，他們高興地說：「我們二艘驅逐艦的艦名成了上海市兩位小公民的名字，真是太好了！」「智謀」號艦長布羅夫京海軍中校、「啟蒙」號艦長哲列申柯海軍少校和六名水兵專程到醫院探視了這對攣生兄弟，親切地說：「這是我們艦的小水兵……」

「有朋自遠方來，不亦樂乎！」——美國軍艦首訪青島

一九八六年十一月五日，美國太平洋艦隊司令萊昂斯海軍上將率領「里夫斯」號巡洋艦、「奧爾登多夫」號驅逐艦和「倫茲」號護衛艦駛抵青島，這是美國軍艦對中華人民共和國的首次訪問。

中國海軍司令員劉華清在會面時，引用了中國古代著名思想家、哲學家孔子的一句話：「有朋自遠方來，不亦樂乎！」當萊昂斯明白了此話的意思後，笑著連聲道謝。

中美海軍官兵互相參觀了對方軍艦，美艦官兵還參觀了中國海軍潛艇學院。中國海軍政治部文工團和美國軍艦軍樂團在青島市人民大會堂同臺演出。兩國水兵還進行了足球和籃球友誼比賽。

近三百名美國水兵被邀請到歷史悠久的青島啤酒廠做客。啤酒廠廠長向來廠訪問的美國海軍官兵致歡迎詞，並介紹了青島啤酒的歷史。介紹還

▲ 劉華清海軍司令員、馬辛春艦隊司令員檢閱來訪的美艦儀仗隊

未結束，美國水兵已擋不住青島啤酒的誘惑，開懷暢飲起來。飲酒時間在美國水兵的要求下一再被延長。「這真是一流的啤酒！」一名美國水兵依依不捨告別啤酒廠時，發出由衷的稱讚。

十一月十一日，美國海軍對青島的六天訪問結束。當天上午，青島軍民為美國海軍編隊舉行了隆重的歡送儀式。儀式結束後，在中國海軍「大連」號驅逐艦的引導下，三艘美艦駛離青島。

中外海軍聯合軍事演習

二○○三年十月二十一日，中國上海附近的海域，中國海軍戰艦、水上飛機和直升機與來訪的巴基斯坦海軍「巴布爾」號驅逐艦和「納斯爾」號綜合補給艦舉行了聯合軍事演習，這是中國人民解放軍海軍與外國海軍進行的首次聯合軍事演習。此後，中國海軍與他國海軍的聯合軍演便日益頻繁，成為中外軍事交流的重要形式。

中法海軍首次海上聯合軍事演習

二○○四年三月的一天，中國青島附近黃海海域，航行中的中國海軍「哈爾濱」號導彈驅逐艦、「洪澤湖」號綜合補給艦編隊突然接到法國軍艦「比羅司令」號「遇險失火」的求救信號。收到遇險求救信號的中國海軍驅逐艦「哈爾濱」號迅速趕往濃煙滾滾的「出事現場」，二架艦載直升機也緊急升空飛臨「失火」的「比羅司令」號上空，配合營救「傷員」。到達現場後，「哈爾濱」號迅速放下救生筏，八名中國海軍士兵，其中三名身著銀灰色防火服，操縱著救生筏迎著風浪向法艦駛去，參加「救火」，營救「傷員」。

這是二○○四年三月十六日中法海上聯合軍事演習的一個場景。

二○○四年三月十二日，為紀念中法建交四十週年，法國海軍由「拉圖什特威爾」號反潛驅逐艦、「比羅司令」號輕型護衛艦組成的海軍編隊共七百多名海軍官兵訪問中國青島，十六日，結束訪問返航途中，中法海軍在青島外海海域進行了聯合軍事演習。

上午八時許，中國「哈爾濱」號汽笛鳴響，引導法國艦艇編隊離開青島港向外海航行，拉開了中法海軍聯合軍事演習的序幕。中法軍艦首先用燈光和旗語進行通信演練，此後進行了編隊航行演習。

▲ 消防演習

下午十三時二十左右，隨著法國海軍「山貓」直升機成功降落在「哈爾濱」號甲板上，兩國海軍成功完成了兩軍首次海上直升機互降。互降前，二架直升機還分別做了變換高度、交換航拍等動作。此後進行的是海上補給演習，演習開始後，「哈爾濱」號、「拉圖什特威爾」和「比羅司令」號呈倒「品」字型圍繞中國海軍「洪澤湖」號航行，而「洪澤湖」號先後進行了三艦同時補給和單艦補給模擬演練。海上補給演練屬於延長海上戰鬥力的訓練科目，此次補給演練，標誌著中國海軍開始與外國海軍從近海到中遠海的聯合演練。

救火演習是中法首次海上聯合軍事演習的最後一個項目。下午十七時三十五分許，演習圓滿結束，中方全體官兵列隊在艦艇上揮手向一起操練了一天的法國海軍官兵告別。

中美海軍聯合搜救演習

這是掀開中美海軍交往史上嶄新一頁的一天。

聖迭戈時間二〇〇六年九月二十日上午十一時至下午十六時十分，中國海軍出訪艦艇編隊在美國聖迭戈港西北海區，與美海軍成功進行了海上聯合搜救演習。

這是中美海軍首次舉行海上聯合搜救演習。演習想定是：一艘船隻在美西海岸附近海域遇險，失去聯繫五小時，美方請航經該海域的中國海軍艦艇協助搜尋。

當地時間九月二十日上午，演習開始。

美海軍指揮艦通報：我一艘船在北緯××度、西經×××度附近海區遇險，請中方海軍艦艇協助美「肖普」號驅逐艦和海鷹直升機進行聯合搜尋，發現目標後立即引導對方接近。

「機組明白！」「『青島』號明白！」

「Roger」（明白）「Roger！」（明白）從高頻電話裡也傳來美方直升機組和「肖普」號導彈驅逐艦的回答。

風高浪急的太平洋洋面上，接到命令的中美兩國海軍艦艇搜索隊形迅速組成。

各艦對海搜索雷達天線搖頭旋轉，艦艇開始掃瞄搜索。空中，中美二架艦載直升機在飛速搜索。

半小時後，雙方直升機幾乎同時發現遇險船。得到通報的「青島」號導彈驅逐艦、「肖普」號導彈驅逐艦迅速調整航向，向遇險船疾駛而去。

不到半個小時，中美雙方艦艇就分別占領各自陣位。中美雙方搶救隊員密切配合，對遇險船和遇險傷員進行搶救。很快，大火被撲滅，傷員也得到有效救護。

聯合搜救演習海上實作科目結束後，美方指揮官、美海軍太平洋艦隊

▲ 中美軍艦燈光通信操演現場

第七支隊支隊長吉爾迪及部分作戰軍官、航海軍官搭乘小艇登臨「青島」艦，對演習情況進行了認真評估。

吉爾迪說：「這次演習，充分體現了中國水兵了不起的職業素質。演習中雙方互相協同，配合默契，通過這次演習，我十分有信心在未來的海上搜救實戰情況下，兩國海軍一定能夠完成好聯合搜救。」

中國海軍出訪艦艇編隊指揮員王福山海軍少將給美海軍太平洋艦隊司令拉夫黑德海軍上將發去了專電。他說：「我們的合作是愉快的，太平洋艦隊官兵良好的指揮藝術和職業素質，給我們留下了深刻的印象。」

兩個月後，搜救演習的地點轉到了中國南海，這是中美海軍首次在中國海域進行聯演。第二階段比第一階段有了進一步深化，表明中美海軍在

非傳統安全領域合作有了實質性的進展。

這次演習是美國太平洋艦隊司令拉夫黑德率領「朱諾」號兩棲船塢運輸艦及六百五十名官兵結束對湛江的友好訪問後舉行的。

剛剛結束湛江訪問返航的美國「朱諾」號兩棲船塢運輸艦，在預定海域待命的「菲茨傑拉德」號導彈驅逐艦，中國海軍「湛江」號導彈驅逐艦、「洞庭湖」號綜合補給艦以及中美雙方的固定翼飛機參加了此次演習。

演習分通信演練、艦艇海上會合、艦艇編隊機動、海上聯合搜救四項內容進行。演習的背景是一艘商船在南海海域航行時三天失去聯繫，中方向正航經這個海域的美艦提出協助搜救請求。

和第一階段一樣，雙方海軍配合密切，交流順暢，出色地完成了搜救任務。

時任中國國防部外事辦副主任的錢利華少將在觀看海上演習後說：「中美兩國海軍官兵表現出的高素質的職業技能和合作精神，為今後兩國在其他領域深化合作，拓展相互關係打下了很好的基礎。」

「中英友誼-2007」海軍聯合軍演

二〇〇七年九月十日十三時五十分。大西洋英國外海海域。

懸掛中國國旗的「廣州」號導彈驅逐艦和懸掛英國國旗的「皇家方舟」號航空母艦，齊頭並進，駛向預定海域，參加「中英友誼-2007」聯合軍事演習。

此次演習的想定是：G 國一艘船在某海區遇險，並出現個別艙室著火和少數人員傷亡，亟待國際救援。中英兩國海軍艦艇編隊迅速前往出事海

區，搜尋海上受損船隻並組織救援。演習過程由中英雙方分階段實施指揮。

十四時，兩艦組成左橫隊，按照同一航向和航速行駛。行進中，「廣州」號導彈驅逐艦三期士官張令勝，用燈光熟練地向英航空母艦發出第一組數碼。中英雙方一組組燈光代碼通過甚高頻傳出演習明語，聯絡暢通，進展順利。

演習的高潮出現在雙方聯合搜救和救援階段。十四時三十分，中國

▲ 二○○七年九月，中國海軍軍艦首次與英國航母舉行聯合演習。

「微山湖」號綜合補給艦模擬失去聯絡的受損船，前抵 S 點就位漂泊。由英方指揮「皇家方舟」號航空母艦和「廣州」號導彈驅逐艦分別前往一、二號搜救區搜尋，發現遇險船立即通報英方。不到半小時發現受損船後，雙方轉交指揮關係，由中方指揮兩艦。此時，「廣州」艦、「微山湖」艦和英「皇家方舟」航母在茫茫的大西洋上呈「品」字形陣容，加上從朴茨茅斯海軍基地起飛的英海軍「山貓」型直升機在演習上空盤旋助威，形成了一幅氣勢磅礴的海上演兵圖。

十五時二十分，中方指揮員下達指令，「廣州」艦和英「皇家方舟」航母分別吊放小艇。「廣州」艦副機電長鄭青裕率八名救援隊員，身著橘紅色救生衣乘小艇疾速駛向「微山湖」艦，英「皇家方舟」航母衝鋒舟也隨之抵達。兩國海軍救援隊員快速攀爬軟梯登上「受損船」，並實施緊急救援。二十分鐘後，救援行動成功結束。

此次聯合軍演，是中國海軍首次與外軍航空母艦進行的聯合軍事演習。

「和平−09」海上多國聯合軍事演習

隨著聯演艦艇編隊指揮艦──巴基斯坦海軍「塔里克」號驅逐艦從卡拉奇港解纜起航，「和平−09」多國聯演進入海上實兵演練階段。

當地時間二○○九年三月九日上午六時三十分，參演的各國海軍艦艇駛離卡拉奇港並組成編隊。十一艘參演各國海軍艦艇依次通過模擬雷區，駛向海上演習區域。參加演練的各國海軍艦艇包括：中國「廣州」號驅逐艦，巴基斯坦「塔里克」號驅逐艦、「蒂普蘇丹」號驅逐艦、「巴德爾」號驅逐艦、「納塞爾」號綜合補給艦，美國「張伯倫湖」號巡洋艦、「波

▲ 二〇〇九年海軍特戰隊員首次在巴基斯坦「和平－09」聯合軍演中亮相

▲ 參加和平 09 多國聯合演習的「廣州」號導彈驅逐艦與美國海軍「張伯倫湖」號巡洋艦編隊航行

特韋爾」號護衛艦，英國「波特蘭」號護衛艦、「韋夫奈特」號油船，澳大利亞「瓦拉蒙加」號護衛艦，馬來西亞「吉打」號巡邏艦，孟加拉國「阿布巴克」號護衛艦等軍艦。

十四時四十分，參演艦艇編隊運動，隊形變換。十五時四十分，直升機甲板互降演練開始。中國海軍直-9 型艦載直升機平穩起飛，飛行二十餘海里後，兩次成功降落在英國皇家海軍「波特蘭」號起降平臺上。與此同時，英國皇家海軍「山貓」型直升機也順利降落「廣州」艦。美國海軍「海鷹」型直升機、澳大利亞皇家海軍「海鷹」型直升機以及巴基斯坦海軍「雲雀」型直升機等也參加了甲板互降演練。

十七時四十五分，海上實彈射擊浮體靶演練開始。在急促的戰鬥警報聲中，「廣州」艦實施主炮射擊。隨著一聲驚雷般巨響，該艦「海外第一炮」首發命中，擊沉三點五海里外的浮體靶，完成了「廣州」艦此行最主要的演習課目——海上實彈射擊，實現了既定目標。組織該課目演練的指揮艦——英國皇家海軍「波特蘭」號指揮官專門給「廣州」艦發來賀電，稱讚中國海軍「幹得好」。

中俄海軍「海上聯合-2012」聯合軍事演習

二〇一二年的春天。中國黃海海域，一艘中國「商船」遭到劫持，十名攜帶武器的劫船分子登船。

聯合護航編隊派出艦艇迅速前往事發海域。五分鐘後，二十名中俄海軍特戰隊員乘坐四艘小艇從被劫「商船」兩側高速突進。在空中火力的掩護下，特戰隊員快速攀爬登船。兩國特戰隊員相互配合，迅速制服劫船分子並安全營救出船員。

這一幕是「海上聯合-2012」中俄海上聯合軍事演習的一個想定場景。這場演習於二〇一二年四月二十二日至二十七日在青島附近海域舉行。這次中俄海軍聯演是一次開創性的合

▲ 中俄雙方導調人員密切注視海上演習情況

作，共有水面艦艇二十三艘、潛艇二艘、固定翼飛機十三架、直升機九架、特戰分隊二個參加。其中，俄方水面艦艇七艘、直升機四架、海軍陸

▲ 中俄海軍「海上聯合-2012」聯合軍事演習一幕

戰隊員二十名。演練科目涉及空中、水面、水下，在海上氣象條件惡劣的情況下，參演官兵密切協同，環環相扣，一氣呵成，圓滿完成所有演練科目；對空實彈射擊，雙方艦艇集中火力，均直接命中目標；海上閱兵，準時準點，圓滿精彩。

這一個個經典瞬間，無一不是雙方密切協同的具體體現。聯合不僅僅來自於戰略利益上的認同、思想理念上的契合，還來自於雙方情感上的交融。

短短六天中，雙方官兵舉行了舢板比賽、籃球比賽、足球比賽、特戰表演等豐富多彩的雙向交流活動，特別是四月二十三日恰逢中國海軍成立六十三週年紀念日，俄羅斯參演軍艦特意掛上了中國國旗，俄方官兵還精心準備了精彩的文藝節目，為中國海軍祝賀生日。

從二〇〇五年中俄聯演、二〇〇九年多國海軍活動到二〇一二年中俄海上聯演，短短七年間，中俄海軍多次攜手，在碧波黃海上寫下了友誼、和諧、合作的篇章。

俄方總導演、俄羅斯海軍副參謀長蘇哈諾夫指出，「聯演進行的科目，如聯合護航、聯合搜救、聯合反劫持等都是為了更好地維護地區安全與穩定積累豐富的經驗。」

中國海軍國際學員週

　　一九九〇年，美國陸軍總部資助美國西點軍校建立一個正式的項目：每年三月，西點軍校安排部分學員兩人一組分別去國外的三十多所院校參觀；四月，西點軍校則邀請受訪的外軍院校學員來西點參加為期一週的活動。隨著這項活動在各國軍校中的舉行，便形成了國際學員週。

　　二〇〇九年，中國海軍的第一屆國際學員週活動在海軍大連艦艇學院拉開帷幕。德國、日本、韓國等三個國家軍事院校的八名學員應邀參加。接下來的一週裡，外軍學員與大連艦艇學院的十六名學員共同學習、訓練、生活。

　　二〇一二年六月二十五日，中國海軍第二屆國際學員週又在大連艦艇學院舉行。這一次比第一屆更熱鬧，來自九個國家的十八名海軍軍校學員與中國海軍三十四名學員被編入一個模擬學員隊，共同學習、共同訓練、共同生活。中外學員觀看了介紹學院情況的錄像片，參觀了院史館、基礎中心實驗室、天象館和模擬訓練中心，觀摩了大連艦艇學院學員隊列訓練。此外，還進行了海上舢板、海上帆船等軍事素養訓練及比賽，組織五公里

▲ 中外學員在交流

武裝越野、穿越障礙等項目訓練，並安排外國學員遊覽了大連的風景。

在六月二十六日進行的中外學員演講會上，十個國家的學員藉助幻燈片、視頻以及音樂等表現形式進行了演講。每一名學員演講之後，都會有其他國家的學員提問互動。

在這種正式場合之外，中外學員已經進行了廣泛而深入的交流。

「雖然各方面差異很大，但我們都是年輕人，我們有共同的興趣和愛好。」參加這次國際學員週的中國學員樊源說，「我們聊天的內容非常廣泛，從自己的家鄉、成長經歷到海軍院校的教學內容和教學方法，以及所在國家的歷史和文化，甚至會談到正在進行的歐洲盃。」

思想的碰撞之外，不同國家的文化也正在交融。尤其是對於遠道而來的外國學員，古老而神祕的東方古國充滿了獨特的魅力。

二十六日下午，來自澳大利亞防衛大學的希爾斯和其他十七名外軍學員一起，共同學習了有著悠久歷史的中國武術項目——太極拳。儘管動作略顯笨拙，但希爾斯練習得很認真。

「在澳大利亞悉尼，公園裡經常有華裔老人打太極拳，看著那些緩慢的步伐和動作，我很好奇。」希爾斯說，「這一次親身體驗太極拳，我感覺這是一項非常愉快的運動，練習完之後，身體感覺很放鬆。」

為了能夠讓外軍學員更好地體驗中國文化，大連艦艇學院專門組織了學員深入中國教員家做客。為了迎接遠道而來的客人，大連艦艇學院航海系教授李天偉一家準備了整整一天。如何能讓外軍學員更深入地了解中國風情？李天偉選擇了茶葉和餃子。

「第一次近距離接觸中國家庭，我認為中國的家庭非常有家庭氣息。以前聽說過中國人是非常友好的，但這一次來到大連，來到中國家庭裡，

我才知道中國人是多麼好客。」澳大利亞防衛大學學員法拉利說。

　　來自意大利里窩那海軍學院的學員賽歐提坦言，這樣的文化交流非常重要。「這樣的活動有助於我們相互理解，而互相理解會讓我們的地球遠離衝突和戰爭。」

▌世界海軍的青島盛會

　　在中國北方，有一片美麗的港灣，港內水域寬深，港灣口小腹大，四季通航，風平浪靜。二〇〇八年夏季奧運會的帆船、帆板賽場就曾設在這裡。

　　二〇〇九年四月，一連幾天的陰雨和大霧，讓青島港水天蒼茫。十八

▲ 歡迎各國朋友

日晚，隨著墨西哥「誇烏特莫克」號風帆訓練艦在夜霧中漸漸清晰，碼頭上的人們興奮不已——這是參加中國人民解放軍海軍成立六十週年多國海軍活動中抵達青島的第一艘外國艦船。

在接下來的兩天裡，青島港雲集了各種各樣的海軍艦船。從外形大氣的俄羅斯「瓦良格」號導彈巡洋艦到性能先進的美國「菲茨傑拉德」號導彈驅逐艦，從加拿大「保護者」號補給艦到排水量僅二百七十噸的澳大利亞「佩里」號巡邏艇，從原本計劃到索馬里打擊海盜的韓國「姜邯贊」號驅逐艦到讓印度人引以為豪的印度製造「孟買」號導彈驅逐艦，青島港彷彿正在進行一次軍艦博覽會。

與各國艦艇幾乎同時抵達的，還有乘飛機趕來的各國代表團。為慶祝人民海軍成立六十週年，二十九個國家的海軍代表團和十四個國家的二十一艘艦艇應邀參加在青島舉行的多國海軍活動。

二十日下午，韓國「獨島」號兩棲攻擊艦緩緩駛抵青島港碼頭，這是參加這次活動的排水量最大的外國戰艦，也是最後一艘抵達青島港的外國海軍艦艇。

「獨島」號抵港幾個小時後，中國海軍司令員吳勝利海軍上將宣佈，慶祝中國人民解放軍海軍成立六十週年多國海軍活動正式開幕。

「中國海軍令人驚訝」

四月二十二日上午，二十九國海軍代表團的將領及代表團成員應邀來到青島港三號碼頭，興致勃勃地參觀中國海軍停靠在碼頭上的艦船。接受參觀的「溫州」號導彈護衛艦、「長城」二一八號常規動力潛艇和「和平方舟」號醫院船都是中國自主設計製造的，最近幾年才陸續裝備部隊，代

▲ 上艦參觀

表了當今中國海軍裝備的最新水平。

「溫州」艦是中國海軍最新型的導彈護衛艦之一，二〇〇五年九月正式服役，滿載排水量達四千噸。作為中國海軍信息化程度最高的護衛艦之一，它具有較強的對空、對海和對潛作戰能力。

「長城」二一八號常規動力潛艇是中國自行設計研製的第二代常規魚雷攻擊潛艇，也是中國海軍現役最重要的潛艇艇種之一，其各項指標均達到世界較為先進的水平，主要用於中國近海防禦，可對艦和對潛作戰。

「和平方舟」號醫院船是中國自主研製的專門提供海上醫療救護的萬噸級醫院船，二〇〇八年正式列裝部隊，其功能相當於陸地上的一所三級甲等醫院。它的誕生，標誌著中國海軍海上衛勤保障能力建設取得了重大突破。

「溫州」號等三艘艦船的中國海軍官兵對前來參觀的各國海軍朋友給予了熱情友好的接待。曾經先後三次赴俄羅斯學習的艦長徐先紅海軍中校用流利的英語向各位高級軍官介紹艦艇的各項性能。

參觀完「溫州」號導彈護衛艦後，加拿大太平洋海上部隊司令泰隆‧帕利海軍少將說：「我一九八八年曾經登上過中國艦艇，深感中國海軍發展迅速，希望能有更多的機會與這支優秀的海軍合作，共同應對海洋上的各種威脅。」

參觀「長城」二一八號常規動力潛艇時，由於空間的限制，各國海軍高級將領不得不分成三批依次進入。艇長卜仁勇海軍中校一邊帶領高級將領逐一參觀各個艙室，一邊同外國將領們坦誠地交談。「與外國海軍官兵的交流使我獲益匪淺，」曾出訪過多個國家海軍的卜仁勇說，「不僅可以增進彼此的了解和友誼，也可以拓寬我們的視野、改變我們的思維方式。」

參觀完三艘中國艦艇後，很多外國海軍將領都發表了自己的感想，曾經先後三次來華訪問並參觀過中國海軍艦艇的印度尼西亞海軍參謀長蘇瑪爾迪約諾海軍上將深有感觸地說：「雖然每次來中國都感受到巨大的進步，但有機會一次參觀這麼多、這麼先進的艦艇，還是出乎我的意料。」

「裝備精良、軍容威武、紀律嚴明，充分展示了大國海軍的開放形象」，尼日利亞海軍參謀長伊沙亞‧伊科‧伊卜拉欣海軍中將這樣表達了他的參觀印象。

「中國海軍的透明度和現代化程度一樣令人驚訝！」巴西海軍司令莫拉海軍上將說，「我看到一個真實的中國，一個真實的中國海軍。」

「友誼的國際大聯歡」——多國海軍舢板比賽小記

二〇〇九年四月二十一日，青島奧林匹克帆船中心，春光明媚，海風陣陣。來自巴西、巴基斯坦、印度、新西蘭等十三個國家的海軍官兵在這片美麗的海域張開雙臂，用歡聲笑語迎接一場「體育盛宴」的到來——參加中國人民解放軍海軍建軍六十週年慶典活動的多國海軍舢板比賽。

早上八點剛過，五六百名熱情的青島市民就自發來到奧帆中心等待觀看比賽。比賽海區旁，一位年輕的小夥子興奮地對記者說：「中外海軍的這場比賽令人充滿期待！」

很快，各國的參賽隊員陸續抵達。參加這次舢板比賽的選手並不是職業運動員，他們全部是參加中國海軍成立六十週年慶祝活動的來華軍艦的官兵。中國兩支參賽隊的隊員分別是即將參加海上檢閱的中國海軍四〇六號核潛艇和一一六號導彈驅逐艦上年輕的水兵。

在運動員休息區，參賽隊員並沒有通常大賽將臨的緊張氣息，不同膚色的臉上都洋溢著輕鬆愉快的笑容。各個國家的年輕水兵們雖然語言不通，但是在輕鬆的迎賓曲聲中，他們互相招手問好，拿著相機不停地互相拍照留影，充滿著友好的氣氛，這不像要進行一場體育比賽，倒像是個盛大的聚會即將開始。一位來自新西蘭的姑娘竟然是位年輕的副艦長，她幽默地對旁邊採訪的記者說：「我是業餘選手，過一會將作為舵手參加比賽，希望我們不要得倒數第一名！」

比賽在蔚藍的海上全面拉開，中國海軍一一六艦的官兵們身著白色的海軍服列隊站在軍艦上觀看比賽。隨著一聲發令槍響，第一組共七支代表隊的隊員們開始奮力划槳，白色的舢板輕貼水面，在一陣陣的號子聲中逐

漸駛向遠處，宛如七只白色的海鷗貼著海面飛翔。隨著舢板的遠去，一位印度「孟買」號軍艦的機電業務長由衷地說：「舢板比賽是一種最能體現合作精神的競技項目，大家齊心協力才能划得快！今天的比賽是一個很好的紐帶，世界的海軍官兵們可以在其中建立友誼！」

不久舢板折返回程，視野中，中國海軍四〇六號核潛艇隊已經遙遙領先，最終以絕對優勢率先到達終點，亞軍和季軍分別是印度隊和新西蘭隊。

隨後的頒獎典禮更是熱鬧非凡，各國海軍代表隊的水兵們沒有通常比賽中獲勝的得意，也沒有失敗的沮喪，領獎臺前他們載歌載舞，無論是獲得前三甲的代表隊，還是獲得「友誼獎」的代表隊，每個人的臉上都充滿喜悅。大家揮舞著國旗，高舉著鮮花和獎盃，簇擁在一起，等待著閃光燈的此起彼伏為他們記錄下這難忘的瞬間。一名巴基斯坦海軍軍官說：「我是第一次來中國，感受到了中國人民的友好和熱情。我今天更是被這盛況深深感動。這是一場友誼的國際大聯歡！」

海上大閱兵

二〇〇九年四月二十三日，在中國海軍發展史上是一個重大的日子——中國第一次舉辦的多國海軍海上閱兵活動，也是人民海軍歷史上最大規模的海上閱兵，這一天在青島附近的黃海海域正式開始。中國國家主席、軍委主席胡錦濤親自率領中外海軍將領乘坐中國海軍導彈驅逐艦「石家莊」號檢閱中外艦艇。

十四時二十分，隨著《分列式進行曲》旋律在「石家莊」號驅逐艦上激昂響起，分列式正式開始。隨即，在閱兵艦艦艏左前方，出現了一條一

眼望不到頭的巨艦長龍——由二十五艘潛艇、驅逐艦、護衛艦和導彈艇組成的中國海軍受閱艦艇編隊劈波踏浪而來。在「向首長致敬」和「為人民服務」的旗語下，數千名海軍官兵分區列位。

首先接受檢閱的是「長征」六號核動力潛艇，這是中國核潛艇部隊第一次公開亮相。在它的率領下，曾創下潛航時間最長世界紀錄的「長征」三號核動力潛艇和「長城」二一八號、「長城」一七七號常規動力潛艇以水面航行狀態依次通過閱兵艦「石家莊」號。

在潛艇後面，由「瀋陽」號等五艘導彈驅逐艦組成的驅逐艦編隊、「舟山」號等七艘導彈護衛艦組成的護衛艦編隊，以及搭乘二百六十名陸戰隊員的「崑崙山」號綜合登陸艦依次接受檢閱。

就在水面艦艇接受檢閱的同時，中國海軍警戒機和電子偵察機呼嘯臨空。中國自己研製的海軍新型殲擊轟炸機和海軍殲擊機分別組成二個飛行編隊，整齊地從艦艇編隊上空飛過，接受檢閱。緊隨其後的是二個反潛直升機編隊和一個救護直升機編隊。

驅護編隊過後，八艘塗著海洋迷彩的中國海軍最新型隱身導彈艇疾駛而來。

十四時四十二分，分列式結束，海上檢閱開始。

遠渡重洋前來參加人民海軍成立六十週年慶典的共有十四國二十一艘軍艦，以作戰艦艇、登陸艦艇、輔助船、訓練艦的先後順序和噸位大小，由東向西錨泊成一字長陣，每艘軍艦都按國際海軍通用的最高禮儀升掛滿旗，身著禮服、不同膚色的各國水兵列隊站坡。它們當中，近一半的軍艦曾訪問過中國，其中法國「葡月」號此前曾七次來訪。有的軍艦還曾與中國海軍進行過聯合軍事演習。

▲ 胡錦濤向受閱艦艇官兵揮手致意

　　胡錦濤主席和各國將領乘坐的閱兵艦緩緩前行，開始檢閱各國海軍艦艇。

　　在中國海軍「西寧」號導彈驅逐艦之後，俄羅斯太平洋艦隊旗艦「瓦良格」號導彈巡洋艦是第一個接受檢閱的外國軍艦，美國「菲茨傑拉德」號導彈驅逐艦、印度「孟買」號和「蘭威爾」號導彈驅逐艦、韓國「獨島」號兩棲攻擊艦和「姜邯贊」號導彈驅逐艦、巴基斯坦「巴達爾」號導彈驅逐艦和「納斯爾」號補給艦、孟加拉「奧斯曼」號導彈護衛艦、法國「葡月」號導彈護衛艦、泰國「邦巴功」號和「達信」號導彈護衛艦、新西蘭「特馬納」號導彈護衛艦和「奮進」號補給艦、新加坡「可畏」號導彈護衛艦、澳大利亞「佩里」號巡邏艇和「成功」號補給艦、巴西「加西亞德阿維拉」號兩棲登陸艦、加拿大「保護者」號綜合補給艦、俄羅斯「索盧

姆」號輔助船分別受閱。墨西哥「誇烏特莫克」號風帆訓練艦最後接受檢閱。蔚藍的大海上，各國艦艇形成了一派壯麗的風景。

每當閱兵艦駛過，各軍艦值更官的哨聲響起，各國海軍軍官整齊地向閱兵艦舉手敬禮，水兵同時向閱兵艦行注目禮。

閱兵艦鳴笛還禮，胡錦濤主席和各國代表熱情地向受閱各國艦艇官兵揮手致意，將軍們舉手敬禮。隨艦採訪的各國記者紛紛按動快門，記錄下人民海軍首次組織的國際海上大閱兵的經典瞬間。

十五時零三分，氣勢宏大的黃海大閱兵落下帷幕。返航的汽笛聲中，驚起海鷗一片……

「和諧海洋」

中國以「和諧海洋」為主題，第一次以多國海軍交流的方式舉行海軍成立六十週年慶典，顯示中國積極加強與各國海軍的交流與合作，增進相互了解，共建和諧海洋的願望和追求。

今天，占地球表面超過百分之七十的海洋此時仍然沒有平靜。索馬里海盜猖獗，海嘯等自然災害不時吞噬大量生命，海上販毒、偷渡、拐賣人口和有組織犯罪逐年上升。這些問題給局部海洋地區帶來嚴重威脅，成為妨礙世界各國取得長期穩定繁榮的海洋環境的共同挑戰。

和諧世界離不開和諧海洋，和諧海洋需要各國海軍之間的交流與合作。

中國海軍司令員吳勝利海軍上將代表中國海軍向全世界倡議，各國海軍應該在聯合國有關協議和公約的框架下相互信任，堅持平等協商和談判解決海上爭端，積極尋求共同利益的交匯點。

▲ 高層對話

　　多國海軍將領在近兩天的交流中都對中國海軍的倡議做出積極反應，一致認為人類居住的這個藍色星球如果沒有和諧的海洋，就不可能有和諧的世界。

　　美國海軍作戰部長拉夫黑德海軍上將說，任何時候通過合作的方式解決海洋爭端都能帶來一個更加和諧的結果，美中兩國海軍之間保持良好的互信關係將為提升整體國家關係提供契機。

　　拉夫黑德認為，美海軍在索馬里海域的一五一聯合特遣隊與中國在這個地區執行護航任務的海軍艦艇編隊進行了「卓有成效」的合作。他說，美中兩國海軍在國際人道主義援助和聯合海上搜救方面還存在廣泛的合作空間。

　　法國太平洋海區司令維紹海軍准將表示，中國海軍的這次紀念活動為世界各國海軍提供了一個增進信息溝通和軍事互信的新平臺。希望繼西太

平洋海軍論壇等現有的定期溝通機制之後，這次在中國舉行的多國海軍活動能成為新的國際多邊軍事交流機制的一個開始。

維紹說，在二十一世紀，沒有任何一個國家能夠單獨應對海上安全威脅。許多國家二十世紀下半葉恪守了中國已故總理周恩來提出的和平共處五項原則，在共同維護海上安全方面取得了成果。

不同種族、不同信仰的各國海軍將領在中國青島發出同一個聲音：海洋需要和諧，海軍需要合作！

參考書目

黃東生，《南海中國魂》，廣東人民出版社，1996 年 7 月第一版

黃東生，《鐵錨固海疆》，海潮出版社，1999 年 1 月第一版

曹保健、郭富文，《面對太平洋的沉思》，國防大學出版社，1989 年 6 月第一版

蘇士亮，《海軍兵器》，中國少年兒童出版社，2002 年 5 月第一版

陸其明，《組建第一支人民海軍的創始人》，海潮出版社，2006 年 2 月第一版

黃彥平，《輝煌的起航》，海潮出版社，2001 年 4 月第一版

中國人民解放軍歷史叢書編委，《海軍史》，解放軍出版社，1989 年 9 月第一版

《當代中國》叢書編輯部，《當代中國海軍》，中國社會科學出版社，1987 年 10 月第一版

陸其明，《大海的驕傲》，海洋出版社，1983 年 7 月第一版

《海軍大辭典》編委會，《海軍大辭典》，上海辭書出版社，1993 年第一版

詠慷，《一江山登陸大血戰》，黃河出版社，2008 年 1 月第一版

鐵流，《中國驅逐艦》，解放軍出版社，2002 年 2 月第一版

鄭懷盛，《98 抗洪大出兵》，當代中國出版社，1998 年 10 月第一版

史滇生，《中國海軍史概要》，海潮出版社，2006 年 2 月第一版

寒羽，《核潛艇》，人民出版社，1996 年 7 月第一版

唐志拔，《獵潛艦艇》，人民出版社，1996 年 7 月第一版

張旭、范曉彥，《軍用快艇》，人民出版社，1996 年 7 月第一版

李傑等，《水雷戰艦艇》，人民出版社，1996 年 7 月第一版

徐明，《現代武器實錄》，航空工業出版社，2009 年 3 月第一版

劉華清，《劉華清回憶錄》，解放軍出版社，2004 年 8 月第一版

李傑、衛東，《海戰將星》，廣東經濟出版社，2011 年 8 月第一版

劉道生，《劉道生回憶錄》，海潮出版社，1992 年 8 月第一版

葉飛，《葉飛回憶錄》，解放軍出版社，2007 年 3 月第二版

胡學慶、孫國，《大將肖勁光》，解放軍文藝出版社，1998 年 1 月第一版

張勝，《開國上將張愛萍的戎馬生涯》，人民出版社，2006 年 5 月第一版

又蘭等主編，《緬懷張愛萍》，解放軍出版社，2004 年 6 月第一版

張勝，《從戰爭中走來—兩代軍人的對話——張愛萍人生記錄》，中國青年出版社，2008 年 1 月第一版

昌大，《最憶是西沙》，華齡出版社，2004 年 12 月第一版

張文木，《論中國海權》，海洋出版社，2009 年第一版

肖勁光，《肖勁光回憶錄》（續集），解放軍出版社，1989 年第一版

徐學增，《藍色的戰場》，軍事科學出版社，1995 年 5 月第一版

楊筱景，《共和國擁有海岸》，海軍出版社，1989 年 7 月第一版

胡彥林等，《威震海疆──人民海軍征戰紀實》，國防大學出版社，1996 年 5 月第一版

王佩雲，《激盪中國海》，作家出版社，2010 年 10 月第一版

王彥，《啊！第六艦隊》，海潮出版社，1995 年 4 月第一版

《當代海軍》，海軍政治部

《軍事史林》，中國人民革命軍事博物館

《軍事歷史》，軍事科學院

《軍事歷史研究》，南京政治學院上海分院

《兵器》，中國兵器科學研究院

《兵工科技》，陝西省科學史學會

《現代艦船》，中國船舶信息中心

《艦船知識》，中國造船學會

新社會主義研究叢刊 AA201009

中國人民解放軍・海軍

編　　　者	高曉星、翁賽飛、周德華 等
責任編輯	陳胤慧
版權策畫	李煥芹

發 行 人	陳滿銘
總 經 理	梁錦興
總 編 輯	陳滿銘
副總編輯	張晏瑞
編 輯 所	萬卷樓圖書股份有限公司
排　　版	菩薩蠻數位文化有限公司
印　　刷	維中科技有限公司
封面設計	菩薩蠻數位文化有限公司

出　　版	昌明文化有限公司

桃園市龜山區中原街 32 號

電話 (02)23216565

發　　行	萬卷樓圖書股份有限公司

臺北市羅斯福路二段 41 號 6 樓之 3

電話 (02)23216565

傳真 (02)23218698

電郵 SERVICE@WANJUAN.COM.TW

大陸經銷　廈門外圖臺灣書店有限公司

電郵 JKB188@188.COM

ISBN 978-986-496-411-6

2019 年 3 月初版

定價：新臺幣 380 元

如何購買本書：

1. 轉帳購書，請透過以下帳戶

合作金庫銀行　古亭分行

戶名：萬卷樓圖書股份有限公司

帳號：0877717092596

2. 網路購書，請透過萬卷樓網站

網址 WWW.WANJUAN.COM.TW

大量購書，請直接聯繫我們，將有專人為您

服務。客服：(02)23216565 分機 610

如有缺頁、破損或裝訂錯誤，請寄回更換

國家圖書館出版品預行編目資料

中國人民解放軍・海軍 / 高曉星, 翁賽飛, 周

德華等編著. -- 初版. -- 桃園市：昌明文化出

版 ; 臺北市：萬卷樓發行, 2019.03

　面 ;　　公分

ISBN 978-986-496-411-6(平裝)

1.海軍　2.人民解放軍

597.92　　　　　　　　　　108002899